Paläontologen wenden bei ihren Forschungen längst die Methoden von Kriminologen an. Sie suchen Indizien, führen DNA-Analysen durch, rekonstruieren Weichteile, untersuchen Verletzungen. Angefangen von den „hot spots" dieser Spurensuche über die großen Aussterbe-Ereignisse in der Erdgeschichte bis hin zu den Dinosaurier-Stammbäumen und den Dinosaurier-Verwandten bietet dieses Buch den letzten Stand des Wissens und behandelt darüber hinaus in komprimierter und anschaulicher Form die 50 meist-gestellten Fragen zum Thema, wie z. B.: Warum konnten die Dinosaurier so groß werden? Warum findet man Dinosaurier-Skelette oft mit nach hinten geboge-nem Hals? Waren sie befiedert, beschuppt oder gar behaart? Was versteht man unter dem „Krieg der Knochenjäger"? Welche Krankheiten hatten sie? Kann man Dinosaurier klonen? ... Und viele Fragen mehr zu Fressgewohnheiten, Brutpflege, Rudelverhalten, Vermehrung, etc., etc. und nicht zuletzt zum Ende der schrecklichen Echsen. Denn sicher ist: Die Geschichte der Dinosaurier beginnt und endet mit einer Katastrophe.

Die Autoren:

Mag. Dr. Alexander Lukeneder, geb. 1972. Seit 2004 Kurator für die Mesozoische Sammlung am Naturhistorischen Museum Wien. Spezialist für Erdmittelalter. Zahlreiche wissenschaftliche und populärwissenschaftliche Artikel. Talentförderungspreis des Landes Oberösterreich im Bereich Wissenschaft 2002, Othenio-Abel-Preis der Österreichischen Akademie der Wissenschaften 2006. Mitglied mehrerer internationaler Forschungsgruppen.

Mag. Helga Gridling, geb. 1958. Seit Herbst 1985 als Gymnasiallehrerin für Biologie, Physik und Chemie tätig. Seit 2000 Projektarbeit. 2001 und 2003 Sonderpreis beim Europäischen Chemielehrer-Wettbewerb für die Projekte „Rauchen" und „Hzwei0". 2004/05 erster Preis beim österreichweit ausgeschriebenen Wettbewerb der Firma Vöslauer: „Zeig, was Wasser drauf hat". Neben ihrer Unterrichtstätigkeit arbeitet sie zusammen mit anderen Autoren an dem auf vier Bände angelegten Schulbuch „Ganz klar Biologie".

www.seifert-verlag.at

Alexander Lukeneder / Helga Gridling

Akte Dinosaurier

Alexander Lukeneder / Helga Gridling

Akte Dinosaurier

Den Riesenechsen auf der Spur

Seifert Verlag

Umwelthinweis:
Dieses Buch und der Schutzumschlag wurden auf chlorfrei gebleichtem Papier gedruckt.
Die Einschrumpffolie – zum Schutz vor Verschmutzung – ist aus umweltverträglichem
und recyclingfähigem PE-Material.

1. Auflage
Copyright © 2007 by Seifert Verlag GmbH, Wien

Umschlaggestaltung, Satz und Layout: Joseph Koo´
Cover-Foto: © Weinwurm Wien, Modell eines T.-rex-Schädels, mit freundlicher Genehmigung der
Volksbank Wien AG
Verlagslogo © Padhi Frieberger
Druck und Bindung: CPI Moravia Books GmbH Austria
ISBN: 978-3-902406-50-7
Printed in Austria

Inhalt

1. Was sind eigentlich Dinosaurier?   6

2. Fenster in die Vergangenheit: Fossilien und ihre Geschichte   13

3. Die großen Aussterbe-Ereignisse und ihre Folgen   21

4. Es beginnt mit einer Katastrophe   25

5. Die Könige des Erdmittelalters   32

6. Vom Ei zum Giganten   38

7. Die Schwestern der Vögel   41

8. Die etwas anderen Saurier: Dinosaurier-Verwandte   50

9. Es endet mit einer Katastrophe: Der Impakt des Meteoriten   58

10. Fünfzig Fragen auf einer endlosen Spurensuche   63

Fragen über Fragen

Viele Fragen ranken sich um Fossilien im Allgemeinen und um Dinosaurier im Speziellen. „Akte Dinosaurier" soll Lesern aller Altersstufen, Laien und Interessierten den heutigen Wissensstand über die Dinosaurier lebendig vermitteln.

Woher komme ich, wohin gehe ich ?

In den letzten Jahren konnten zwar viele Unklarheiten durch neue Erkenntnisse beseitigt werden, eine Vielzahl von Fragen bleibt aber noch immer unbeantwortet. Es gibt gerade heute einige urzeitliche „Tatorte" oder „hot spots" der Dinosaurier-Forschung, die wichtig für die Geschichte der schrecklichen Echsen sind. Solche „hot spots" sind Fundorte, an denen wegen der ausgezeichneten Erhaltung der Dinosaurier spezielle Erkenntnisse gewonnen werden können. Wissenschaftler forschen dort wie Kriminologen mit modernsten Mitteln, um jede nur erdenkliche Information herauszufiltern. Ständig werden neue Einsichten über die Lebensweise und die systematische Einordnung mancher Dinosaurier- und Saurier-Gruppen gewonnen.

So kommt es, dass sich nahezu monatlich systematische Zuordnungen durch neue Befunde ändern. Dieses Buch ist eine Momentaufnahme des heutigen Wissensstandes, der sich schon in naher Zukunft durch neues Wissen verändern kann und wird.

1 Was sind eigentlich Dinosaurier?

Sir Richard Owen

Dinosaurier sind ausgestorbene Reptilien (Kriechtiere), die im Erdmittelalter mehr als 180 Millionen Jahre lang die Erde beherrschten.

Im Jahr 1842 wurde der Ausdruck „Dinosaurier" vom englischen Anatomen Sir Richard Owen zum ersten Mal verwendet. Der Begriff leitet sich aus dem Griechischen ab: *„deinos"* für schrecklich und *„sauros"* für Echse, also „schreckliche Echse". Überreste dieser Reptilien waren den Gelehrten schon früher aufgefallen, die Zuordnung der Knochen und Zähne zu bekannten Tiergruppen war aber zu dem Zeitpunkt noch nicht möglich. Als Robert Plot 1677 erstmals ein Dinosaurier-Fossil beschrieb, deutete er den Oberschenkelknochen als Rest eines Elefantenknochens. Denselben Knochen hielt Richard Brookes im Jahr 1763 sogar für den versteinerten Hodensack eines riesigen Menschen! Erst 1824 erkannte der englische Geologe William Buckland den Irrtum und führte den Namen *Megalosaurus* für das Lebewesen ein, dem der Oberschenkel zuzuordnen war. 1825 vergab der Arzt Gideon Algernon Mantell mit *Iguanodon* den zweiten Dinosaurier-Namen. Mantell kannte damals nur einige fossile Zähne und Knochen aus der Kreide von Sussex. Doch ab diesem Zeitpunkt war die Jagd auf Dinosaurier-Reste eröffnet.

In der Geschichte der Dinosaurier-Forschung spielten in der zweiten Hälfte des 19. Jahrhunderts in den USA zwei erbitterte Feinde und Konkurrenten eine wichtige Rolle: Edward Drinker Cope (1840–1897) und Othniel Charles Marsh (1831–1899). Cope, ein Zoologieprofessor, benannte 56 neue Dinosaurier-Arten, und Marsh wurde der erste Professor für Paläontologie in den USA. Er gab als Erster bekannten Dinosauriern wie *Stegosaurus*, *Triceratops* und *Apatosaurus*, den er noch als *Brontosaurus* beschrieb, ihren Namen.

Der Begriff *Dinosaurier* ist klar zu unterscheiden vom Wort *Saurier*. Saurier bedeutet streng genommen nichts anderes als Echsen. Man sollte daher immer beachten, was gemeint ist, ob von Sauriern im Allgemeinen oder von Dinosauriern im Speziellen die Rede ist. „Echte" Dinosaurier sind nur die Echsenbecken-Dinosaurier (Saurischia) und die Vogelbecken-Dinosaurier (Ornithischia).
Viele berühmte Reptilien des Erdmittelalters sind keine Dinosaurier: Am Festland trugen Flugsaurier, Schlangen, Scheinkrokodile, Schildkröten und säugetierähnliche Reptilien zur Vielfalt der Lebewesen bei. Fischsaurier, Paddelechsen, Mosasaurier, riesige Schildkröten und Krokodile bewohnten die Ozeane und Binnenmeere.

Die Dinosaurier sind eine der wenigen Tiergruppen, die schon am Anfang ihrer Entwicklung mit kleinen (1–1,5 m) bipeden (auf 2 Beinen laufenden) Formen vertreten waren. Vorteile dieser Bewegungsart waren die frei beweglichen Vorder-Extremitäten (Vorder-Gliedmaßen) und die höhere Position des Kopfes. Dadurch konnten kleine Dinosaurier ihre Beutetiere, aber auch Pflanzennahrung aus größerer Höhe ergreifen und besser festhalten.
Kurz nach ihrer Entstehung, vor 230 Millionen Jahren, gab es zwei Gruppen von Dinosauriern, die sich in ihrer Beckenform unterschieden: die Ornithischia (Vogelbecken-Dinosaurier) und die Saurischia (Echsenbecken-Dinosaurier). Die Ornithischia waren reine Pflanzenfresser (herbivor). Die Saurischia brachten mit der Gruppe der Theropoden (Bestienfüßer) die größten Landraubtiere der Erdgeschichte hervor. *Tyrannosaurus* zählt genauso zu den Theropoden wie der Vogel-Vorfahre *Archaeopteryx*. Die Saurischia entwickelten aber auch die riesigen Pflanzenfresser wie *Argentinosaurus*, *Brachiosaurus*, *Apatosaurus* und *Diplodocus*.

Gemeinsamkeiten aller Dinosaurier

Im Folgenden die wesentlichsten charakteristischen Merkmale:

- Sie waren Landtiere.
- Ihre Gliedmaßen standen wie bei Säugetieren und Vögeln senkrecht unter dem Körper. Dadurch konnten sie ihren schweren Körper tragen und schneller und Kraft sparender laufen. Voraussetzung waren viele Anpassungen im Skelett. Charakteristisch ist vor allem das Becken mit einer durchbrochenen Hüftgelenkspfanne.
- Sie besaßen einen nach innen gebogenen Femurkopf (Kopf des Ober-schenkelknochens).
- Sie waren Zehengänger. Sie hatten einen speziellen Gelenkstyp: Die Ge-lenksachse bildete zwischen erster und zweiter Fußwurzelknochen-Reihe eine Horizontale.
- Das Becken war mit drei oder mehreren Kreuzwirbeln fest verbunden.
- Aufsteigender Fortsatz des Astragalus (Sprungbeins).
- Ihre Fingerknochen waren unterschiedlich stark reduziert.
- Sie hatten einen s-förmigen Hals.
- Meist waren die Vordergliedmaßen halb so lang wie die Hintergliedmaßen.
- Sie wiesen fünf Schädelöffnungen auf jeder Seite des Schädels auf. Dadurch war das Gewicht des Kopfes gering. Die Öffnungen schufen gleichzeitig Ansatz-stellen für die kräftige Schädelmuskulatur.
- Sie besaßen zwei Gaumenknochen, die von der Schnauzenspitze bis zu den bei-den Schädelöffnungen vor den Augenhöhlen reichten. Man nennt diese Knochen an der Basis des Nase-Rachenganges auch Pflugscharbeine.
- Sie hatten tiefe Zahnhöhlen.

T.-rex-Schädel mit den typischen Zähnen und Schädelfenstern, oben Vorderansicht und unten Seitenansicht. South Dakota, USA, Kreide, 70 Millionen Jahre, 1,5 m hoch und 2 m lang

Einteilung der Dinosaurier

Für die systematische Unterteilung der Dinosaurier ist die Anordnung der Beckenknochen wesentlich.

Bei den Echsenbecken-Dinosauriern (Saurischia) sind die Hauptknochen des Beckengürtels wie bei den meisten Reptilien angeordnet: Das Sitzbein ist nach hinten gerichtet, während das Schambein nach vorne weist.

Bei den Vogelbecken-Sauriern (Ornithischia) liegen Sitz- und Schambein nahe beisammen und sind beide nach hinten gerichtet. Die Saurischia sind etwas älter als die Ornithischia. Beide Gruppen gehen aber wahrscheinlich auf einen gemeinsamen Vorfahren zurück.

Bei den Echsenbecken-Sauriern unterscheiden wir zwei Großgruppen: die gewaltigen, pflanzenfressenden Sauropodamorpha und die fleischfressenden Theropoda. Das Becken der Theropoda wandelte sich im Laufe der Zeit zu einer dem Becken der Vögel ähnlichen Form. Die Vorfahren der Vögel finden sich daher unter den Echsenbecken-Dinosauriern, nicht unter den Vogelbecken-Dinosauriern.

1. Systematische Einteilung nach dem Aufbau des Beckens

Vogelbecken-Dinosaurier (Ornithischia)

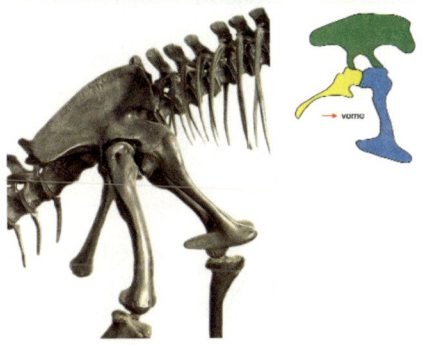

Echsenbecken-Dinosaurier (Saurischia)

Becken
Sitzbein (Ischium) und Schambein (Pubis) zeigen nach hinten. Oftmals Bildung eines Praepubis

Becken
Sitzbein (Ischium, gelb) zeigt nach hinten, Schambein (Pubis, blau) zeigt nach vorne; Darmbein (Ilium, grün).

Skizze der Anatomie der Beckenknochen bei Vogelbecken-Dinosauriern (Ornithischia) und Echsenbecken-Sauriern (Saurischia). Beispiel der Beckenskelette des Ornithischiers *Iguanodon* und des Saurischiers *Allosaurus*

Schädel
Bildung eines Praedentale (Schnauzen-
spitzenknochens)
Schädel in die Länge gezogen; zum Teil
mit den typischen Stiftzähnen oder
Mahlzähnen. Auch zahnlose Formen
treten auf.

Körperbau
Netzwerk aus verknöcherten Sehnen
entlang der Wirbelsäule, besonders am
Schwanz und am Becken. Dies dient
zur Versteifung des Bewegungs-
apparates.

Ernährungsweise
Alle Pflanzenfresser

Bekannte Vertreter
Stacheldinosaurier (Stegosauria):
Stegosaurus, Kentrosaurus
Panzersaurier (Ankylosauria):
Ankylosaurus, Struthiosaurus
Horndinosaurier (Ceratopsia):
*Triceratops, Protoceratops,
Psittacosaurus*
Vogelfußdinosaurier (Ornithopoda):
Iguanodon und die gesamte Gruppe
der Entenschnabeldinosaurier
(Hadrosaurier)

Name
So genannt, weil die modernen Vögel
ein ähnliches Becken besitzen.
Die modernen Vögel entwickelten sich
aber nicht aus den Vogelbecken-Dinosauriern.

Schädel
Am Schädel befinden sich zusätzliche
Schädelfenster; das Maul der theropoden Fleischfresser beinhaltet bis zu 60
serrate (gezähnelte), steakmesserartig
nach hinten gebogene Zähne.

Körperbau
Vorder-Gliedmaßen stark abgewandelt
und reduziert
Oft nur zwei bis drei Finger (typisch für
Greifhände)
Hohlräume in den Knochen
Pflanzenfresser hatten meist lange
Hälse und Schwänze.

Ernährungsweise
Fleisch- und Pflanzenfresser

Bekannte Vertreter
Vierfüßige Pflanzenfresser:
*Argentinosaurus, Brachiosaurus,
Diplodocus, Apatosaurus*
Zweibeinige Fleischfresser:
*Tyrannosaurus, Allosaurus,
Giganotosaurus, Albertosaurus,
Velociraptor, Deinonychus*

Die Theropoda bringen später die Vögel
hervor.

Name
So genannt, weil die modernen Krokodile ein solches Becken haben. Aus
einer Gruppe der Echsenbecken-Dinosaurier entwickelten sich die Vögel.

Die einzelnen Dinosaurier-Gattungen und -Arten können nach Art und Form der Knochen, der Zähne und nach vielen anderen Kriterien noch weiter unter-teilt werden.

Die Systematik der Dinosaurier und verwandter Gruppen basiert auf den oben angeführten morphologischen Unterscheidungsmerkmalen und auf den Unterschieden bzw. Gemeinsamkeiten im Skelettaufbau. Stammbäume sollen Verwandtschaftsverhältnisse möglichst anschaulich darstellen. Eine Vielzahl von Abstammungslinien und der Zeitpunkt ihres Abzweigens sind noch unklar und werden von verschiedenen Wissenschaftlern unterschiedlich gesehen.

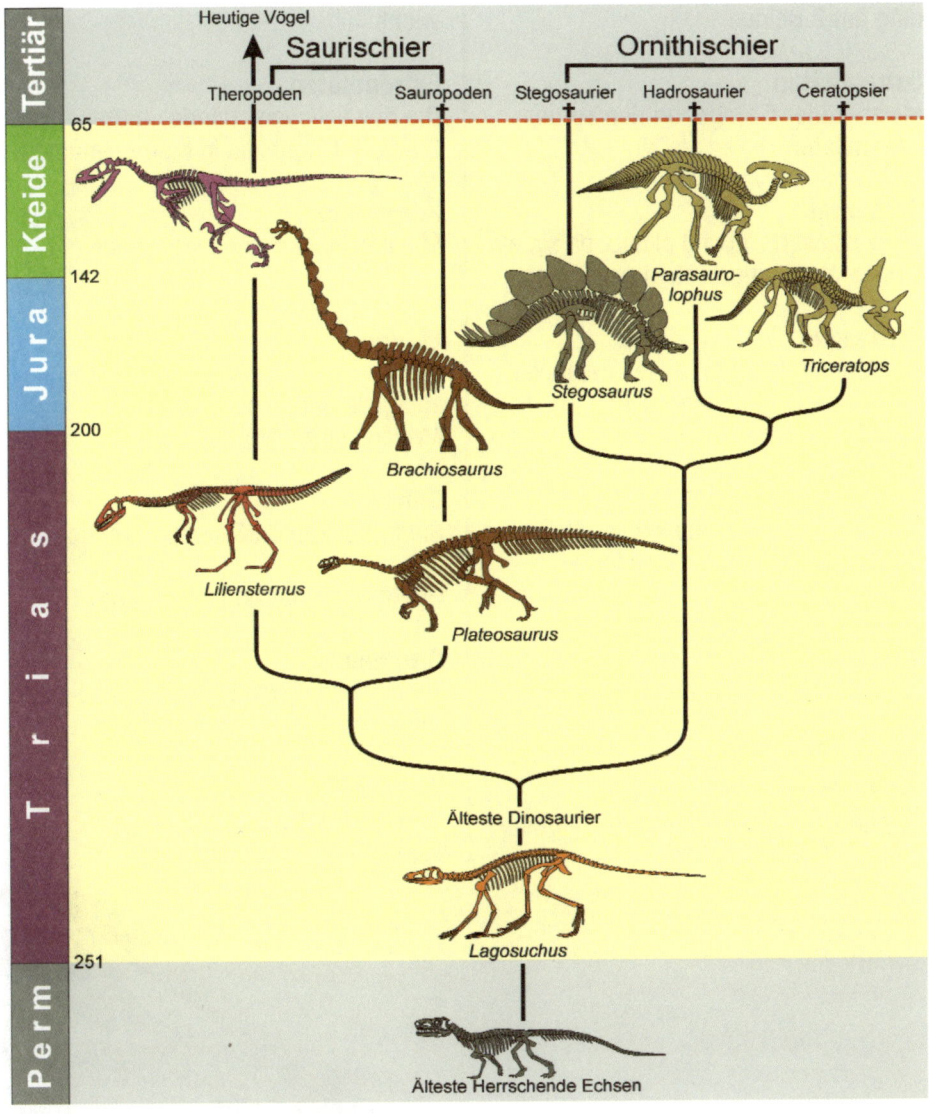

Stammbaum der „echten" Dinosaurier mit den Vogelbecken- und Echsenbecken-Dinosauriern

2. Informelle Einteilung nach der Art der Ernährung

Pflanzenfressende Dinosaurier	Fleischfressende Dinosaurier
Fortbewegung Meist auf 4 Beinen; nur die Gruppe der Vogelfuß-Dinosaurier (z. B. *Iguanodon*) ging auf 2 Beinen.	**Fortbewegung** Gingen großteils auf den Hinterbeinen und hielten mit Schwanz das Gleichgewicht.
Extremitäten Meist 4 oder 5 Finger an den Vorderextremitäten	**Extremitäten** Die beweglichen „Hände" hatten meist 2 oder 3 Finger, die in Klauen endeten.
Körperbau Meist schwerfällig und plump, da sie ein großes Verdauungssystem benötigten.	**Körperbau** Meist schlanke, schnelle Läufer
Verdauung Im Magen fand man Magensteine, die ihnen halfen, die Pflanzen zu zerkleinern.	**Verdauung** Das Verdauungssystem war relativ klein, sie hatten auch teilweise Magensteine.
Gehirn Sie besaßen ein relativ kleines Gehirn. Oft hatten sie aber ein zweites „Beckengehirn".	**Gehirn** Sie hatten ein größeres Gehirn als die Pflanzenfresser. Große Geruchs- und Sehzentren
Gruppen Echsenbecken-Dinosaurier	**Gruppen** Vogelbecken- und Echsenbecken-Dinosaurier
Beispiele *Diplodocus, Apatosaurus, Iguanodon, Stegosaurus, Triceratops,* u. a.	**Beispiele** *Tyrannosaurus, Allosaurus, Velociraptor, Albertosaurus,* u. a.

Gebiss des *Diplodocus* (Pflanzenfresser)
Hintergrund: Gebiss des *Allosaurus* (Fleischfresser)

2 Fenster in die Vergangenheit – Fossilien und ihre Geschichte

Damit wir uns ein genaues Bild der Vorzeit machen können, brauchen wir Zeugen einer längst vergangenen Zeit. Diese Zeugen sind die Fossilien, auch Versteinerungen genannt. Der Ausdruck Fossilien leitet sich vom lateinischen Wort *fodere* = graben ab. Er bezieht sich auf das Ausgraben von Dingen aus der Erde und umfasst Überreste von Lebewesen, die über 10 000 Jahre alt sind.

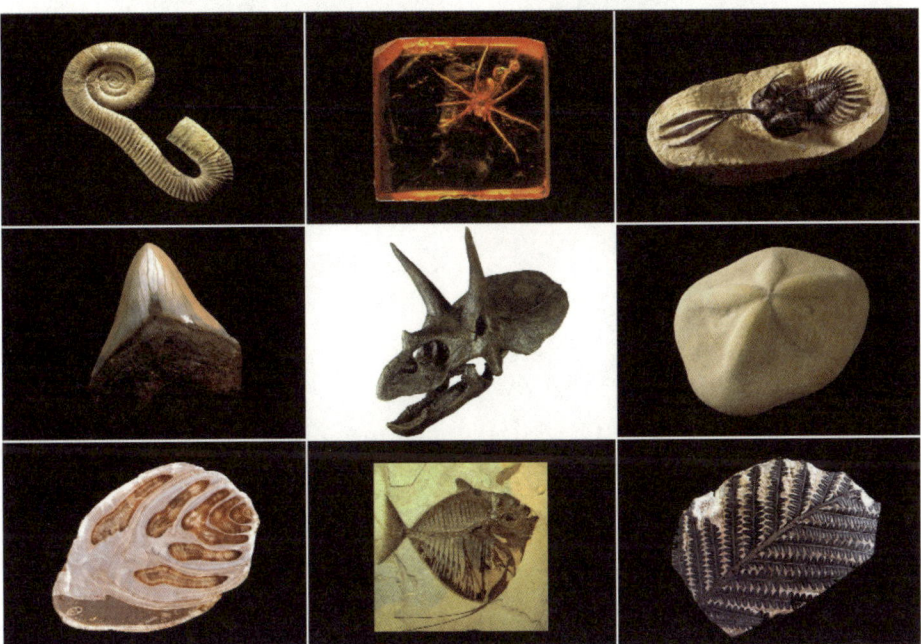

Auswahl von Fossilien. Von links oben im Uhrzeigersinn: Ammonit, Bernsteineinschluss (Spinne), Trilobit, Seeigel, Farn, Fisch, Schnecke, Haifischzahn und in der Mitte Dinosaurier (*Triceratops*)

1. Schätze im Boden – Der Weg zum Fossil

Nicht jeder tote Organismus wird zum Fossil. Ein verstorbenes Lebewesen kann nach dem Tod von größeren Tieren zerteilt und gefressen werden, oder es verfault und wird durch die Tätigkeit von Bakterien und Pilzen vollständig abgebaut.
Es bedarf außergewöhnlicher Umweltbedingungen zur Zeit des Absterbens und der Einbettung, um die optimalen Verhältnisse für ein vollständiges Fossil zu schaffen. Solch günstige Bedingungen finden wir z. B. in kreidezeitlichen Vulkanaschen Chinas (Dinosaurier mit Federkleid), im Bernstein (Insekten) oder in den Permafrost-Böden Sibiriens (vollständig erhaltene Mammuts mit Haaren).

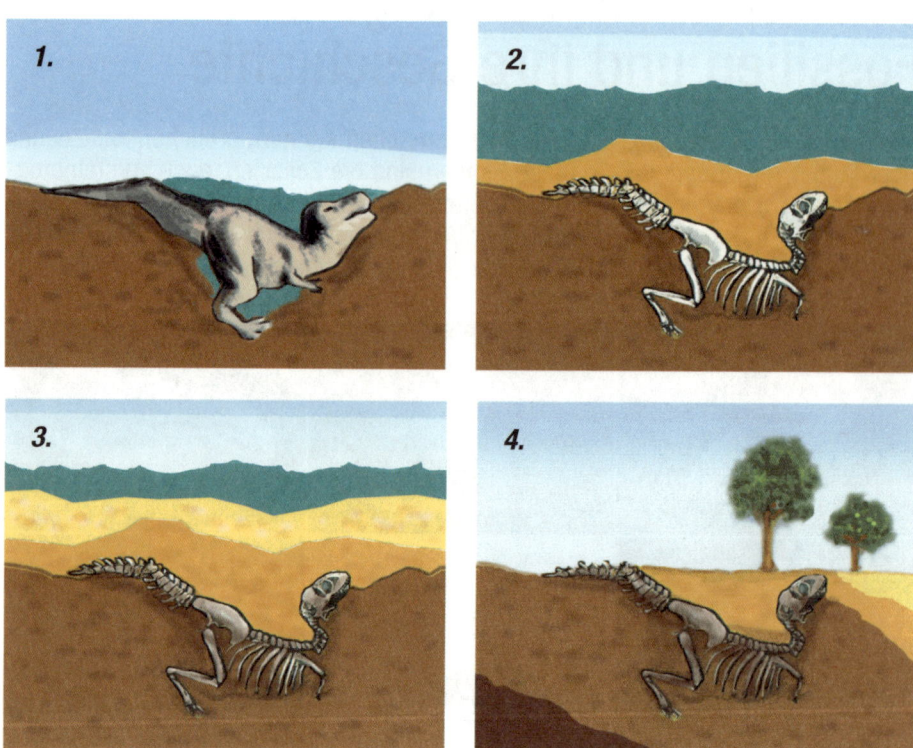

Abfolge der Fossilisation am Beispiel eines Dinosauriers

Kommt es zur Einbettung in Sand, Ton oder Schlamm, erhöhen sich die Chancen, dass ein Fossil entsteht. Nach der Bedeckung mit Sediment (Kalkschlamm, Sand, Ton, etc.) setzen sowohl an Land als auch unter Wasser verschiedene biologische, physikalische und chemische Prozesse ein. Sie verändern im Laufe von Zehntausenden oder Millionen Jahren die ursprüngliche Zusammensetzung bzw. die Gestalt der Organismen. Fossilien treten uns daher in verschiedenster Form entgegen.

Fährten – z. B. Fußabdrücke von Dinosauriern – bleiben erhalten, wenn sie im weichen, feinkörnigen Sand bzw. Schlamm oder in Asche abgedrückt und nach dem Aushärten durch ein anderes Sediment abgedeckt werden.

Dinosaurier-Knochen eines Sauropoden. Utah, USA, Jura, 150 Millionen Jahre, 100 kg, 1,5 m

2. Was bleibt? – Die Überlieferung von Fossilien

Hartteile
Schalen, Zähne, Knochen, Panzer und Eier bleiben am häufigsten erhalten, weil sie viele mineralische Bestandteile haben. Diese sind am widerstandsfähigsten und werden nach dem Tod eines Lebewesens am langsamsten abgebaut. Dadurch bleibt mehr Zeit für eine Einbettung. Aber auch im Sediment werden diese Bestandteile weniger leicht aufgelöst und von Mikroorganismen zersetzt als organische.

Abdrücke
Von allen oben genannten Organismen-Resten können auch nur Abdrücke im Sediment erhalten bleiben, wenn sich die Hartteile im Laufe der Zeit auflösen.

Steinkerne
Löst sich ein Organismus während des Umwandlungsprozesses zum Fossil auf und wird der Hohlraum anschließend mit Sediment verfüllt, entsteht ein Steinkern. Sehr häufig sind Steinkerne von Schneckengehäusen, Muscheln oder Ammoniten. Aber auch die Gehirnschale von Dinosauriern kann als Steinkern überliefert werden. Man spricht von passiver Weichteilerhaltung, die uns genaue Einblicke in die Form oder Struktur eines Organs erlaubt, obwohl die eigentliche Substanz verloren gegangen ist. Die Faltung der Gehirnrinde und die Form von Blutgefäßen können so nachgewiesen werden. Dasselbe Prinzip nutzen Wissenschaftler, um die Hirnschädel von Dinosauriern im Labor abzuformen und so Abgüsse von Dinosaurier-Gehirnen zu erhalten.

Lebensspuren
Die Lebensspuren, die Tiere im Sediment hinterlassen, teilt man in verschiedene Gruppen ein: Fußspuren (Fährten), Fraßspuren, Wohnbauten, Nester, versteinerte Exkremente (Koprolithen) usw. Sie zählen natürlich auch zu den Fossilien, denn sie sind eindeutig Beweise für die Existenz von Lebewesen und geben Auskunft über die Lebensweise fossiler Organismen.

Weichteile
Die Erhaltung von Weichteilen wie Haut, Muskeln und Eingeweiden stellt eine extrem seltene, aber sehr aufschlussreiche Art der Erhaltung dar. Weichteile sind am ehesten in Eis, Mooren, Bernstein (fossilem Baumharz) oder in natürlich vorkommenden Asphaltseen konserviert, wo sie meist unter Sauerstoffabschluss eingebettet wurden. So konnten sie nicht durch größere Räuber zerstört und später nicht von Bakterien und Pilzen aufgelöst werden. Am seltensten sind Funde von inneren Organen.

Federn und Schuppen
Fossile Filamente und Protofedern – die Vorstufe zu den echten Federn –, aber auch Federn selbst, sind im Idealfall nur noch als organische, meist schwarze Reste im Sediment zu erkennen. Viel öfter ist nur mehr der Abdruck einer Feder vorhanden.

Die Farbe bleibt nicht erhalten. Reste und Abdrücke erlauben aber eine detaillierte Untersuchung des Federkleides im Hinblick auf die Art der Fortbewegung – zum Beispiel, ob das Tier aktiv fliegen oder nur passiv gleiten konnte.

Verschiedene optische Techniken, etwa die Anwendung von UV-Licht, können bestimmte Strukturen organischer Herkunft besser sichtbar machen.

Bei der Schuppenerhaltung handelt es sich meist um Haut-Abdrücke von Dinosauriern, die nur wenige Quadratzentimeter groß sind.

Pflanzen

Kohle entsteht unter Luftabschluss, indem dem Pflanzenmaterial Wasserstoff (H) und Sauerstoff (O) entzogen wird, und dadurch der relative Anteil an Kohlenstoff (C) zunimmt. Man spricht von Inkohlung in verschiedenen Schritten. Übrig bleibt mehr oder weniger viel Kohlenstoff. Aus Massen von Pflanzenresten kann so über einen Zeitraum von Jahrmillionen Kohle entstehen.

3. Wie die Zeit vergeht! – Die Altersbestimmung von Fossilien

Es gibt zwei Möglichkeiten, das Alter von Fossilien zu bestimmen: die relative (stratigraphische Methode) und die absolute Altersbestimmung (chronometrische Methode).

Die *relative Altersbestimmung* gibt an, ob ein Fossil bzw. eine Gesteinsschicht älter, jünger oder gleich alt ist wie ein Vergleichsobjekt. Entscheidend dafür ist die Lage eines Gesteins oder der Fossilien im Vergleich zu den darüber und darunter liegenden Gesteinsschichten. Es gilt: Bei ungestörter Lagerung liegen die ältesten Gesteinsschichten unten und die jüngsten oben. Man spricht vom Lagerungsgesetz

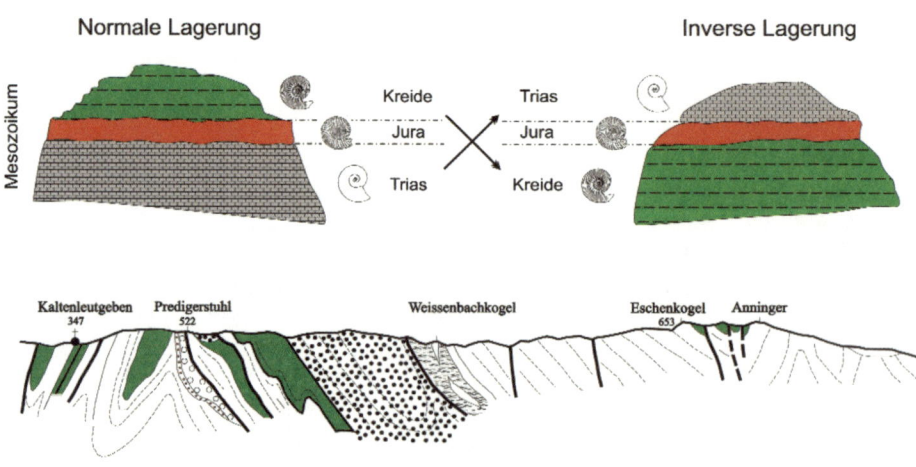

Lithostratigraphisches Profil: Leitfossilien treten gemäß dem Lagerungsgesetz auf. Links normale und rechts inverse (verkehrte) Lagerung der Gesteinsschichten. Unten ist das Beispiel eines Profils durch die Alpen im Bereich des Wienerwaldes zu sehen.

oder stratigraphischen Prinzip, das 1669 von Nicolaus Steno formuliert wurde. Durch tektonische Ereignisse kann es jedoch zu Verschiebungen der Gesteinsschichten kommen. Dadurch gelangen ältere Schichten an die Oberfläche und überlagern jüngere.

Eine wichtige Orientierungshilfe bei der Altersbestimmung sind Leitfossilien. Das sind Lebewesen, die in einem bestimmten kurzen Zeitabschnitt der Erdgeschichte nahezu weltweit und in großer Zahl verbreitet waren. Als Fossilien kommen sie nur in ganz bestimmten Gesteinsschichten eines bestimmten Alters vor. Im großen Maßstab könnte man die Dinosaurier als Leitfossilien für das Erdmittelalter (Mesozoikum) von vor 250 bis 65 Millionen Jahren bezeichnen. Und *T. rex* charakterisiert einen Teil der oberen Kreidezeit von vor 68 bis 65 Millionen Jahren.

Leitfossilien können alle Organismen sein, die an Land oder im Wasser, aber nur in einem bestimmten Abschnitt der Erdgeschichte, lebten. Wenn die gleichen Arten an mehreren Stellen auftreten, müssen die entsprechenden Gesteinsschichten gleich alt sein. Und diese Zeitgleichheit ist für die angewandte Paläontologie meistens wichtiger als die Frage nach dem absoluten Alter.

Profil einer Ablagerungsfolge aus Frankreich. Angles, Kreide, 128 Millionen Jahre, Bildausschnitt 20 m

Die *absolute Altersbestimmung* gibt das Alter von Fossilien in Jahrtausenden oder Jahrmillionen an. Sie erfolgt mithilfe von radioaktiven Elementen. Diese haben die Eigenschaft, dass sie in charakteristischen Zeitabschnitten unter Strahlenabgabe zerfallen. Die Halbwertszeit gibt die Zeit an, in der die Hälfte der Atomkerne zerfallen ist. Zwei der wichtigsten Methoden sind die Radiokarbon-Methode und Kalium-Argon-Methode.

Radiokarbon- oder ^{14}C-Methode: Radioaktiver Kohlenstoff (^{14}C) ist in der Luft in ganz geringen Mengen enthalten. ^{14}C wird in den oberen Schichten der Erdatmosphäre durch kosmische Strahlung ständig neu gebildet und zerfällt unter Abgabe von radioaktiver Strahlung in das Stickstoffisotop ^{14}N. Seine Halbwertszeit beträgt 5730 Jahre.

Alle Lebewesen nehmen Kohlenstoff auf, bauen ihn in den Körper ein und geben ihn wieder ab. Sobald ein Lebewesen stirbt, nimmt es keinen neuen Kohlenstoff auf und gibt auch keinen mehr ab. Der im Körper enthaltene radioaktive Kohlenstoff zerfällt und gibt dabei radioaktive Strahlung ab, die messbar ist. Anhand dieser Strahlung kann man ermitteln, wie viel radioaktiver Kohlenstoff noch in den Überresten eines Tieres enthalten ist, und somit auch, wann das Lebewesen gestorben ist. Nach ca. 10 Halbwertszeiten – also nach ca. 55 000 Jahren – liegt der Anteil des ^{14}C unterhalb der Nachweisgrenze. Das bedeutet, dass die Altersbestimmung ungenau wird, wenn ein Fossil älter als 55 000 Jahre oder maximal 70 000 Jahre ist.

Kalium-Argon-Methode oder K-Ar-Methode: Da die ^{14}C-Methode nur für Fossilien geeignet ist, die jünger als 55 000 Jahre sind, muss man sich für die Altersbestimmung von Dinosaurier-Funden anderer Methoden bedienen. Eine davon ist die K-Ar-Methode: Im Gegensatz zur ^{14}C-Methode misst man hier das Alter der Gesteinsschichten, in denen ein Fossil eingeschlossen ist, und nicht das Alter des Fossils selbst.

Um die Fehlerquote möglichst gering zu halten, wenden Paläontologen meist mehrere Methoden an. Oft werden absolute Methoden wie die K-Ar-Methode und relative Altersbestimmung mithilfe von Leitfossilien kombiniert.

Oben: Ammonit als Beispiel eines Leitfossils. *Speetoniceras*, Russland, Kreide 120 Millionen Jahre, 35 cm

4. Was uns Fossilien erzählen

Bei der Auswertung einer Fundstelle hat man das Problem, dass es sich bei den untersuchten Resten um ausgestorbene Lebewesen handelt. Auskunft über ihre Lebensweise, ihr Aussehen, ihre Umwelt usw. geben uns nicht nur Fossilfunde. Auch Vergleiche mit heute lebenden verwandten Tieren – bei Dinosauriern vor allem Vögel und Krokodile – sind wichtig.

Existenz

Ohne die Fossilfunde in Sedimentgesteinen wäre uns die Existenz von Lebewesen wie Dinosauriern nicht bekannt. Wann die ersten Dinosaurier-Knochen gefunden wurden, weiß man nicht genau. Durch die Jahrhunderte änderte sich das Wissen und somit auch die Interpretationsmöglichkeit. In China wurden schon vor 3500 Jahren riesige Knochen und Zähne gefunden, die man als Drachenknochen und Drachenzähne interpretierte.

Aussehen

Vor allem wenn organische Weichteile wie Muskeln, Haut, Schuppen oder Federn erhalten bleiben, kann man auf das Aussehen vorzeitlicher Tiere schließen.

Vergleich von rezenten (oben) und fossilen (unten) Knochen

Größe und Gewicht
Erst ein vollständiges Skelett ermöglicht eindeutige Aussagen über die Größe und in der Folge über das Gewicht eines Tieres.

Lebensweise
Über die Nahrung geben Exkremente (Koprolithen) und Mageninhalte (Gastrolithen), aber vor allem das Gebiss Aufschluss.

Verhalten
Ob Dinosaurier Herdentiere oder Einzelkämpfer waren und ob sie Brutpflege betrieben, kann man an den Spuren (Fährten) erkennen. Passive Weichteilerhaltung verrät, wie groß ihr Hirnvolumen war, etc.

Krankheiten und Verletzungen
Vor allem Verletzungen, die am Knochen erkennbar sind, können diagnostiziert werden.

Lebensraum
Schon das Sedimentgestein, in dem ein Fossil gefunden wird, erzählt eine Geschichte. Kalk oder Sandstein, Mergel oder Schotter – jedes Sediment ist charakteristisch für bestimmte Ablagerungsräume wie Meeresufer, Schelfmeere oder Flussbereiche. Pollen und Sporen in den Fundschichten lassen Rückschlüsse auf den Lebensraum und die Pflanzenwelt zu.

Klima
Tropische Korallenriffe, die mit Algen in Symbiose leben, können nur bei Wassertemperaturen von mehr als 20 °C überleben. Wenn in einem Gestein fossile Korallen auftreten, lässt das den Schluss zu, dass zu Lebzeiten dieser Korallen im Ablagerungsraum tropisches Klima herrschte.
Pflanzen geben natürlich besonders gute Hinweise auf das Klima an Land. So zeigt der Wechsel von einer Vegetation aus Samenfarnen zu einer Koniferen-Vegetation, dass in der Trias eine deutliche Klimaänderung von feucht-warmem zu trocken-heißem Klima stattfand.

Evolution – Entwicklung von Lebewesen
Eine Reihe von zeitlich aufeinander folgenden Skelett-Funden belegt, dass sich aus einer gemeinsamen Gruppe kleiner Raubsaurier, den Coelurosauriern, später auch die Vögel entwickelt haben.

Zeitgenossen
Anhand der Fossilien, die man in den gleichen Gesteinslagen gefunden hat, kann man erkennen, dass z. B. *Triceratops* und *T. rex* Zeitgenossen waren.

3 Die großen Aussterbe-Ereignisse und ihre Folgen

Die Einteilung der Erdgeschichte orientiert sich an Katastrophen,
an Ereignissen also, die das Leben auf der Erde radikal veränderten.

Quartär	bis heute — 1,8 Mio.	*Die Eiszeiten bringen neue Tierarten hervor und löschen andere aus.*	Das Quartär ist durch vier große Eiszeiten geprägt, die durch Zwischeneiszeiten unterbrochen werden. 1500 m dicke Eisschichten bedecken die Täler in weiten Teilen Europas und verändern die Landschaft. Die Schneegrenze liegt um 1300 m tiefer, die Jahresdurchschnittstemperatur ist um etwa 8 °C geringer als heute. In Europa leben große Säugetiere wie das Mammut, der Riesenhirsch, der Höhlenbär, der Höhlenlöwe, der Waldbison, das Wollhaarnashorn und das Rentier. Der Mensch entwickelt sich zum *Homo sapiens*.
Känozoikum	65 Mio.	***Neogen*** *Zeitalter der Säugetiere* *Entstehung des Menschen* ***Paläogen*** *Blütenpflanzen dominieren* *Terrorvögel treten auf.*	Nach dem Aussterben der Dinosaurier am Ende der Kreidezeit breiten sich die Säugetiere aus. Viele verschiedene Gattungen entwickeln sich, besetzen die freigewordenen ökologischen Nischen und besiedeln alle Lebensräume. Vorläufer der Pferde, Nashörner und Tapire treten auf. Fledermäuse und Nagetiere entstehen. Die ältesten Primaten entwickeln sich. Auch die Vögel bilden viele verschiedene Formen aus. Greifvögel mit einer Flügelspannweite von 8 m ersetzen die Flugsaurier, und flugunfähige Terrorvögel ersetzen die Raubdinosaurier. Die Antarktis driftet von Australien weg. Das Klima wird nach einer kühlen Anfangsphase wärmer, große Wälder von nackt- und bedecktsamigen Pflanzen entstehen. Blütenpflanzen breiten sich weiter aus, und mit ihnen die Insekten. Im Neogen vereisen die Pole. Kontinente nehmen die heutige Form an.

M e s o z o i k u m	145 Mio.	**Kreide** *Dinosaurier sind die größten und dominantesten Landtiere.* *Am Ende sterben sie bei einer Katastrophe aus.*	Dinosaurier sind nach wie vor die wichtigste Tiergruppe. Die Entenschnabel-, die Dickschädel-, die Horn-Dinosaurier und die Tyrannosaurier dominieren. Daneben gibt es noch andere riesige Reptilien: 5 m große Meeresschildkröten, 15 m lange Krokodile, Flugsaurier mit einer Flügelspannweite von 12 m, 15 m lange Fischsaurier etc. Erste Bedecktsamer und Blüten bestäubende Insekten treten auf. Anfang der Kreide zerbricht der Superkontinent Pangäa endgültig. Wanderrouten vieler Tierarten werden gekappt. Der Himalaya, die Alpen und die Rocky Mountains bilden sich. Am Ende der Kreidezeit kommt es zu einem großen Massensterben. 75 % aller Tier- und Pflanzenarten – darunter sämtliche Dinosaurier – überleben die Wende zum Känozoikum nicht.
	199 Mio.	**Jura** *Die Dinosaurier dominieren das Land, die Saurier das Wasser.* *Erste Vögel*	Pangäa beginnt von Norden her zu zerfallen – der Nordatlantik entsteht. Es herrscht wieder Warmzeit. Große Wälder mit baumähnlichen, immergrünen Palmfarnen und Gingko-Gewächsen bedecken die Erde. Aus den Echsenbecken-Dinosauriern entwickeln sich die ersten Vögel. Der Jura-Vogel *Archaeopteryx* bildet mit seinen Federn und dem Knochenschwanz ein Bindeglied zwischen Reptilien und Vögeln. Riesige pflanzenfressende Dinosaurier wie *Diplodocus* und *Brachiosaurus* treten auf.
	251 Mio.	**Trias** *Erste Dinosaurier* *Erste Säugetiere*	Das Klima ist warm und trocken. Die Reptilien haben sich zu einer mächtigen Tiergruppe entwickelt. Statt der heute lebenden 4 Reptilienordnungen gibt es 31, die alle Lebensräume besiedeln. Meeressaurier breiten sich aus. Echsenbecken- und Vogelbecken-Dinosaurier entstehen. Flugsaurier erheben sich erstmals in die Lüfte. In den Meeren gibt es die ersten Knochenfische mit Schwimmblase, die sich aus den primitiven Lungen der Lungenfische gebildet hat. Gegen Ende der Trias treten die ersten Säugetiere auf. Am Ende kommt es zu einem weiteren Massensterben.

P a l ä o z o i k u m	299 Mio.	**Perm** *Reptilien dominieren und erobern Pangäa.*	Alle Kontinente bilden eine zusammenhängende Landmasse, den Superkontinent Pangäa. Das Klima im Inneren des Superkontinents ist trocken und heiß, an den Rändern aber tropisch, mit monsunartigem Regen. Flachmeere trocknen aus, und es entstehen riesige Salzlagerstätten. Die Klimaänderung wirkt sich besonders auf die Pflanzenwelt aus. Feuchtigkeitsliebende Farnpflanzen werden von Nacktsamern verdrängt. Am Ende des Perm findet das größte Massensterben der Erdgeschichte statt: 95 % aller Arten von Meerestieren sterben aus.
	359 Mio.	**Karbon** *Zeitalter der Farnpflanzen* *Kohlelager entstehen.*	Der Superkontinent Pangäa beginnt zu entstehen. Das Klima ist feucht und warm. Ausgedehnte Sumpfwälder aus Farnpflanzen und Bärlappbäumen breiten sich aus. Bärlappe können mit einer Stammbasis von nur 1 m bis zu 30 m Höhe erreichen. Sie werden leicht vom Wind umgeworfen und versinken im Sumpf. Unter Luftabschluss entsteht daraus im Laufe von Millionen von Jahren Kohle. Die Baumstümpfe werden vielen Tieren zum Grab, daher kennen wir zahlreiche Tierfossilien aus dem Karbon. Am Ende des Karbons treten die ersten Reptilien auf. Die feste Ei-Schale macht sie bei ihrer Fortpflanzung unabhängig vom Wasser.
	416 Mio.	**Devon** *Die ersten Insekten besiedeln das Land.* *Das Zeitalter der Fische beginnt.*	Bereits im Silur haben sich die Fische vielfältig entwickelt. Diese Entwicklung findet im Devon ihre Fortsetzung. Kieferlose Fische, Kiefer tragende Fische und Knorpelfische besiedeln das Meer und das Süßwasser. Von großer Bedeutung für die weitere Entwicklung der Lebewesen sind die Lungenfische und die Quastenflosser. Beide können durch Lungen atmen. Die Flossen der Quastenflosser sind durch knochengestützte, muskulöse Stiele am Körper befestigt. Gegen Ende des Devons entwickeln sich die ersten Amphibien (Lurche). Samenpflanzen (Nacktsamer) erobern das Landesinnere, es entstehen die ersten Wälder. Am Ende des Devon kommt es zu einem Massensterben.

Paläozoikum			
	443 Mio.	**Silur** *Gefäß-pflanzen (Farne) besiedeln das Land.*	Nacktfarne besiedeln das Land. Landpflanzen müssen feste Stängel haben, um die fehlende Tragkraft des Wassers auszugleichen. Sie brauchen außerdem Wurzeln zur Verankerung im Boden und zur Wasseraufnahme. Nacktfarne leben nur im Uferbereich, denn ihre Vermehrung ist noch an das Wasser gebunden. Sie bieten den an Land gehenden Gliederfüßern Schutz, Nahrung und Lebensraum. Im Meer konkurrieren die ersten Kieferfische mit den Seeskorpionen.
	488 Mio.	**Ordovizium** *Erste primitive Pflanzen erobern das Land.* *Das Meer ist voller Leben.*	Eine Vielzahl neuer Tier- und Pflanzengattungen besiedelt die Gewässer. Korallenriffe entstehen. Schwämme, Muscheln, Schnecken und Seesterne beleben das Urmeer. Seeskorpione dominieren. Cephalopoden (Kopffüßer) mit geradem Gehäuse breiten sich in allen Meeren aus und bilden riesige Formen mit 3 m langen Kalkgehäusen. Schwimmende Kolonien der Graptolithen (Schrifttierchen) erobern die Meere. Sie sind Leitfossilien bis ins Devon. Erste Gliederfüßer gehen an Land. Am Ende kommt es zu einem Massensterben.
	542 Mio.	**Kambrium** *Explosion des Lebens Komplex gebaute Tiere mit harten Schalen entstehen.*	Lebewesen können erstmals Schalen ausbilden, die fossil erhalten bleiben. Daher sind aus dem Kambrium viel mehr Organismen bekannt als aus dem Präkambrium. Tiere entwickeln Gliedmaßen, Augen und Panzerungen. Die ersten Fische und Wirbeltiere entstehen. Leitfossilien des Kambriums sind die Trilobiten, dreigeteilte Gliederfüßer (Dreilapper) mit den ältesten bekannten Komplexaugen.
Präkambrium	4600 Mio.	*Entstehung des Lebens* *Erste einfache Organismen bilden sich.*	Aus anorganischen Molekülen entstehen erste organische Moleküle und in der Folge die ersten Zellen. Das Leben ist auf den Lebensraum Wasser beschränkt. Bakterien und Algen dominieren die Meere. Sie bilden oft metergroße Stromatolithe aus dünnen Bakterien-Algen-Lagen. Erste mehrzellige Lebewesen entwickeln sich und bilden die berühmte Ediacara-Fauna. Gewaltige „Eiszeiten" dauern über 50 Millionen Jahre (*snowball-earth*). Am Ende des Präkambriums existieren bereits die meisten Tier- und Pflanzenstämme.

4 Es beginnt mit einer Katastrophe

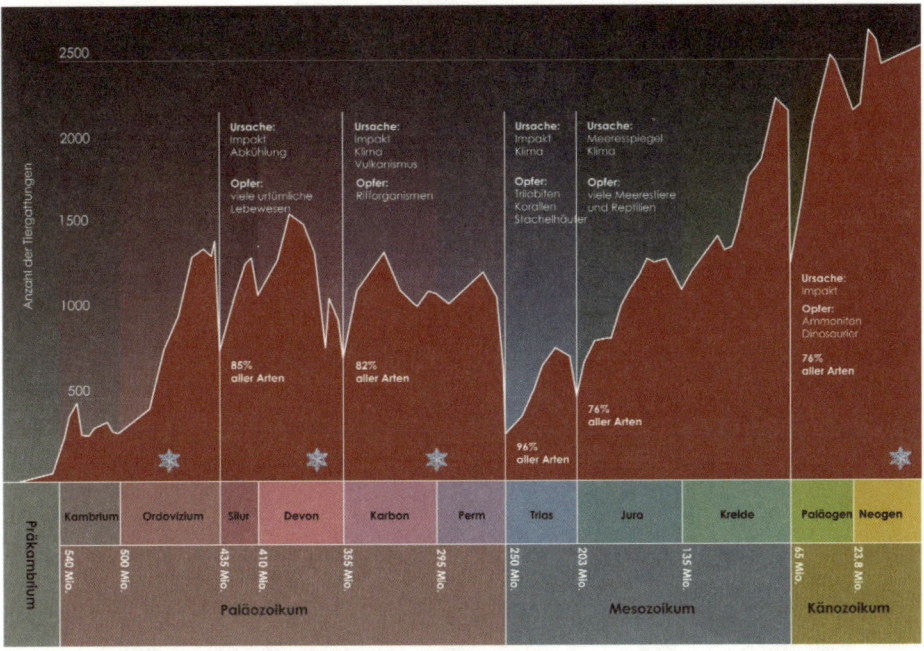

Das Paläozoikum wurde durch das verheerendste Massensterben aller Zeiten beendet. Innerhalb von 3 Millionen Jahren starben ca. 95% aller Meerestiere und ca. 75% aller Landlebewesen aus. Die Ursachen sind umstritten. Möglicherweise haben mehrere Ereignisse, die im Abstand von 1–2 Millionen Jahren stattfanden und teilweise zusammenhingen, zu dieser Katastrophe geführt:

1. Die Verschmelzung der Teilkontinente Laurasia und Gondwana zum Superkontinent Pangäa und die Entstehung eines Superozeans namens Panthalassa verringerte den Anteil der Küstengebiete (Schelf). In den Schelfbereichen befindet sich aber der Hauptanteil an marinen Ökosystemen.
2. Die Entstehung dieses Superkontinents bedingte auch eine klimatische Veränderung: Besonders in den zentralen Bereichen herrschte ein heißes, trockenes Wüstenklima. Dies führte zu einer Veränderung der Landschaft und der Vegetation. Für viele Tier- und Pflanzenarten waren diese neuen Umweltbedingungen ungeeignet.
3. Starke Vulkantätigkeit in Asien (Sibirien), wo über einen Zeitraum von etwa 1 Million Jahren 1 bis 4 Millionen Kubikkilometer Lava ausgestoßen und gleichzeitig auch große Mengen an Vulkangasen (Kohlendioxid CO_2 und Schwefeldioxid SO_2) frei wurden, vergiftete die Atmosphäre. Diese Gase zerstörten die Ozonschicht der Erde und bewirkten eine Übersäuerung von Land und Meer. In der Folge starben

Oben: Die fünf größten Aussterbe-Ereignisse der Erdgeschichte werden auch als „*big five*" bezeichnet: das Ordovizium/Silur-, das Devon/Karbon-, das Perm/Trias-, das Trias/Jura- und das Kreide/Tertiär-Aussterbe-Event.

großflächige Pflanzenbestände ab, was zu Bodenerosion führte und neuen Bewuchs verhinderte.

4. Bodensubstrat und Pflanzenteilchen wurden in die Gewässer geschwemmt und trübten das Wasser. Für den Abbau der organischen Materialien wurden große Mengen an Sauerstoff verbraucht. Dadurch wurde der Sauerstoffgehalt in den Gewässern und in der Atmosphäre reduziert (von 35 % O_2 in der Atmosphäre auf unter 15 %). Da der Fäulnisprozess auch CO_2 freisetzt, kam es außerdem zu einer Anreicherung von CO_2 und in der Folge zu einer Klimaerwärmung. Diese Veränderungen kann man in den Ablagerungen aus dieser Zeit deutlich erkennen: höhere Anteile an Faulschlamm, etc. Diese Indizien im Vergleich mit heutigen Sedimenten lassen präzise Schlüsse zu und vermitteln ein gutes Gesamtbild der damals vorherrschenden Umweltbedingungen.

Die Welt der beginnenden Trias war im Vergleich zur Welt des Perm völlig verändert. Viele Bereiche zu Wasser und zu Land waren wie leer gefegt.

Nach der Katastrophe dauerte es nach Schätzungen von Wissenschaftlern an die 5 Millionen Jahre, bis sich die Natur wieder erholte und neue, stabile Ökosysteme entstanden waren. Zuerst kamen Pionierpflanzen wie das Bärlappgewächs *Pleuromeia* – ein Leitfossil für die Trias – zurück. Später folgten Farne und Schachtelhalme. Das Verschwinden zahlreicher Pflanzen führte auch zum Aussterben vieler Insekten. An Land verschwanden zahlreiche Wirbeltiere: 78 % aller Reptilien und 67 % aller Amphibien. Zur Berechnung dieser Werte werden alle bekannten Familien vor und nach der Katastrophe gezählt, und dann wird die Verlustrate berechnet. Aus der Gruppe der Dicynodontia (Zwei-Hundezähner) überlebte ein wichtiger Pflanzenfresser die Katastrophe: *Lystrosaurus* (Schaufelechse). Er bevölkerte fast den gesamten Superkontinent Pangäa und wurde so zum klassischen Leitfossil für die frühe Trias.

Rekonstruktion von *Dicynodon* aus der Trias

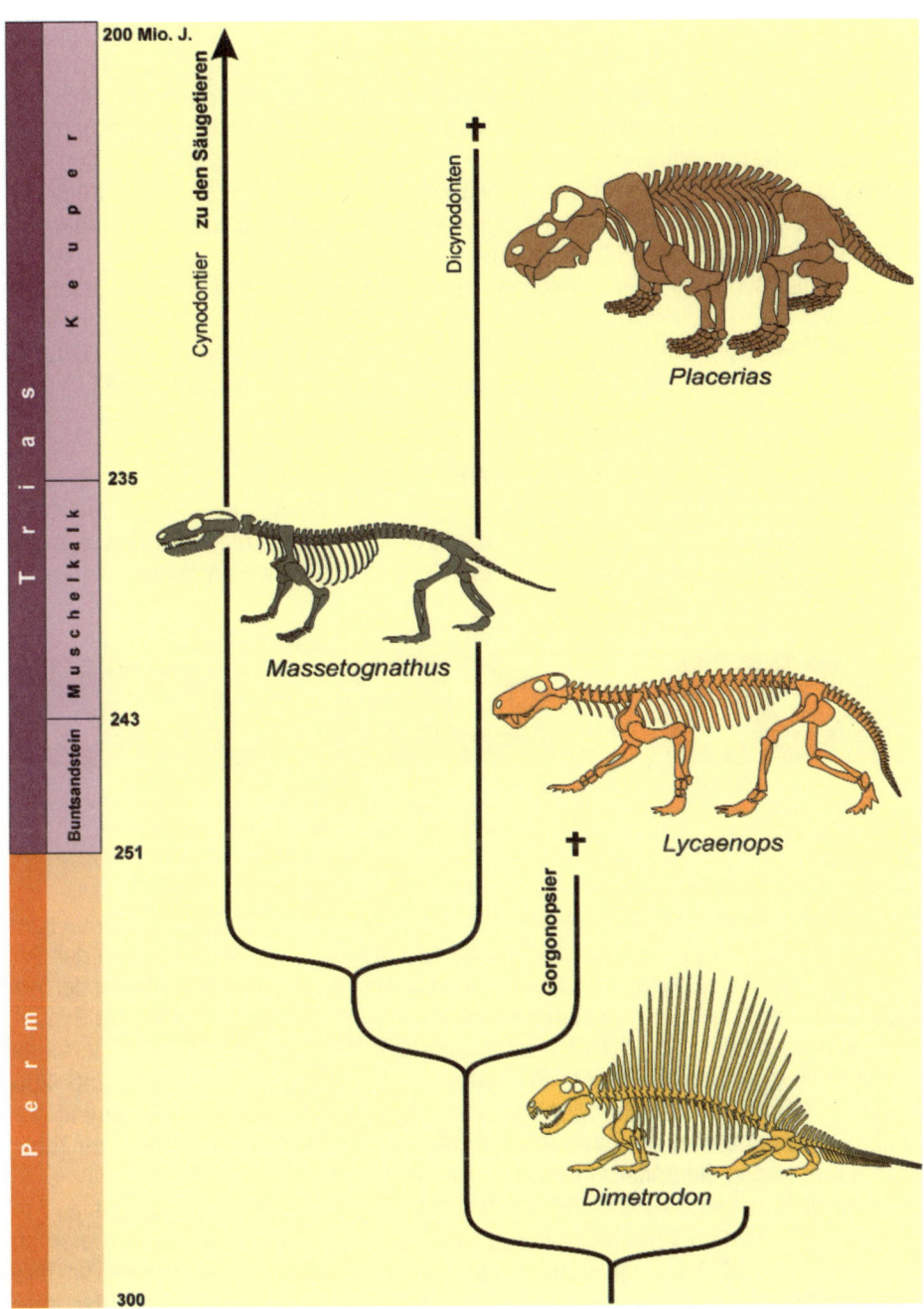

200 Mio. J.

zu den Säugetieren

Cynodontier

Dicynodonten

Placerias

235

Massetognathus

Lycaenops

243

251

Gorgonopsier

Dimetrodon

300

Ursprung der Säugetiere innerhalb der Therapsiden

1. Entwicklung der Dinosaurier

Die Katastrophen an der Wende zum Erdmittelalter waren die Voraussetzung, dass jene Tiergruppe, aus der später die Dinosaurier hervorgehen sollte, entstehen und sich durchsetzen konnte.

Bereits im Karbon entwickelten sich mehrere Reptiliengruppen, die sich durch die Anzahl ihrer Schädelfenster unterschieden. Schädelfenster sind Öffnungen im Schädelknochen, die den Schädel leichter machen.

- Anapsida haben keine Schädelfenster. Aus ihnen haben sich die Schildkröten entwickelt.
- Synapsida, auch säugetierähnliche Reptilien genannt, besitzen ein Schädelfenster. Aus den Synapsida entwickelten sich im oberen Perm die Therapsida und im Mesozoikum die Säugetiere.
- Diapsida haben zwei Schädelfenster. Aus ihnen entstanden noch im Perm die Lepidosaurier und die Archosaurier (= herrschende Echsen). Aus den Lepidosauriern entwickelten sich die Echsen und Schlangen. Die Archosaurier sind die Vorfahren der Flugsaurier, der Dinosaurier und der Krokodile. In der Trias spalteten sich von den Diapsida die Euryapsida ab, die die Meeresechsen hervorbrachten.

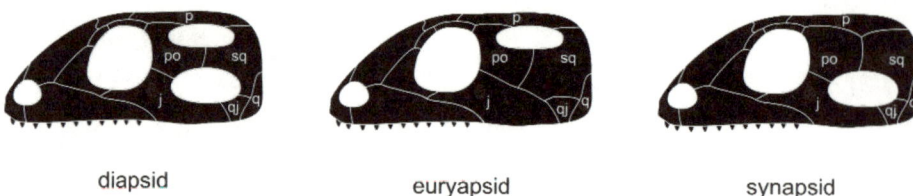

diapsid   euryapsid   synapsid

Vertreter aller drei Gruppen überlebten die weltweite Katastrophe an der Wende zum Erdmittelalter. Die weitere Entwicklung war ein Wettlauf zwischen Vertretern der Synapsida (säugetierähnliche Reptilien) und Vertretern der Diapsida, nämlich der Archosaurier. Bis in die Trias (den ältesten Abschnitt des Erdmittelalters) waren Synapsida mit Abstand die wichtigste Wirbeltiergruppe. Mehr als 90 % aller Wirbeltierfunde aus dem Ober-Perm sind Therapsida. Jedoch in der frühen Trias, vor rund 250–200 Millionen Jahren, wurden die Diapsida, vor allem die Archosaurier, zunehmend dominant. Spannend wird die Dinosaurier-Entwicklung erst nach der Grenze zur Trias, als sie sich gegen die anderen Reptiliengruppen durchsetzen.

Sogar frühe Vertreter der Archosaurier, die Ahnen der Dinosaurier, wurden bis zu 7 m groß. Sie hielten die Extremitäten bereits senkrecht unter dem Körper, was man an fossilen Gelenksflächen nachweisen kann. Diese Eigenschaft haben sie an ihre Nachfahren, die Dinosaurier, weitergegeben. Die Stellung der Beine unter dem Rumpf bringt enorme Vorteile beim Laufen mit sich. Die Schrittlänge wird dadurch

Oben: Schädelbau der Reptilien mit unterschiedlichen Schädelfenstern. Die am Aufbau beteiligten Knochen sind: p Parietale, po Postorbitale, sq Squamosum, j Jugale, qj Quadratojugale, q Quadratum

Unterschiedliche Beinstellung unter dem Körper von Eidechse, Krokodil und Dinosaurier

vergrößert, d. h. das Tier kann schneller laufen und das Gewicht seines Körpers besser tragen. Der Wechsel vom Spreizgang zum aufrechten Gang war ein großer Fortschritt auf dem Weg zu den Dinosauriern.

Vier typische Merkmale hatten alle Archosaurier gemeinsam: ein Antorbitalfenster (ein Schädelfenster zwischen Augen- und Nasenöffnung), ein verknöchertes Laterosphenoid (verknöcherte Hirnschädel-Seitenwand), ein laterales Mandibularfenster (seitliche Öffnung im Unterkiefer-Knochen) und abgeflachte Zähne. Die frühen „Herrschenden Echsen" waren fast alle Fleischfresser. Die Aufspaltung in riesige Pflanzenfresser und in mächtige Fleischfresser erfolgte erst später in der oberen Trias, vor 220 Millionen Jahren.

Obwohl die säugetierähnlichen Reptilien bereits in der Trias ausstarben, hinterließen sie ein wichtiges Erbe: die Säugetiere. Im Laufe ihrer Entwicklung wurden sie diesen immer ähnlicher, sodass viele Wissenschaftler meinen, man müsste die säugetierähnlichen Reptilien aus der Trias eigentlich „Vorsäugetiere" nennen.

Spreizgang am Beispiel von *Crocodylus acutus*, dem Spitzkrokodil. Mittelamerika, rezent, 1 m

Säugetier-Kennzeichen der säugetierähnlichen Reptilien:
- Gliedmaßen nicht mehr vom Körper abgespreizt
- mehr oder weniger konstante Körpertemperatur
- möglicherweise bereits behaart
- Gebiss aus drei verschiedenen Zahnarten (Schneide-, Fang- und Backenzähne)
- Zahnwechsel
- das Dentale wird fast zum einzigen Knochen des Unterkiefers
- sekundärer Gaumen fast vollständig ausgebildet
- Bildung von Gehörknöchelchen
- Sattitalkamm (Knochenkamm) auf der Mittellinie des Schädeldaches
- Brust- und Lendenwirbel unterschiedlich
- meist schon zwei *Condyli occipitales* (Gelenksfortsätze am Hinterhauptsbein)

Oben: Rekonstruktion eines 1,5 m langen *Edaphosaurus*. Perm, 265 Millionen Jahre

Reptilien-Kennzeichen

Das, was die säugetierähnlichen Reptilien (Therapsida) vor allem noch als Reptilien kennzeichnet, ist das Kiefergelenk: Es wird nicht nur von einem Unterkieferknochen (dem Dentale) und dem Schläfenbein gebildet, sondern noch von zwei weiteren Knochen, dem Quadratum und dem Artikulare. Bei den Säugetieren sind Quadratum und Artikulare zu Gehörknöchelchen umgewandelt. Sie sind die einzigen Wirbeltiere, die drei Gehörknöchelchen haben.

Die ersten echten Dinosaurier stammen aus der frühesten Obertrias (mittleres Karnium) und sind ca. 230–220 Millionen Jahre alt. *Eoraptor* und *Herrerasaurus* aus Argentinien (aus der Ischigualasto-Formation) und *Coelophysis* aus den USA sind die ältesten bekannten Dinosaurier. *Plateosaurus* ist einer der am weitesten verbreiteten Dinosaurier der oberen Trias. Dinosaurier machen aber nur 1–3% aller Wirbeltierfunde aus der oberen Trias aus. Ältere Funde stellten sich als Vertreter anderer Gruppen heraus. Erst in den letzten 20 Millionen Jahren der Trias entwickelten sich die Dinosaurier rasant, breiteten sich mit vielen Formen rasch aus und waren am Ende der Triaszeit die dominierenden Landwirbeltiere.

Warum sich die Dinosaurier gerade am Ende der Trias so entscheidend durchsetzen konnten, ist noch etwas umstritten. Zur Zeit gibt es zwei verschiedene Hypothesen: Ein Massensterben der tetrapoden (vierbeinigen) Pflanzenfresser (Dicynodontia, Cynodontia und anderer Rhynchosauria-Gruppen) in der oberen Trias könnte die Ausbreitung der Dinosaurier beschleunigt haben. Vielleicht war es aber auch nur die Tatsache, dass Dinosaurier im Konkurrenzkampf gegen ihre Zeitgenossen eindeutig überlegen waren.

Dimetrodon, ein urtümlicher Vertreter der säugetierähnlichen Reptilien. USA, Perm, 265 Millionen Jahre, 25 cm

5 Die Könige des Erdmittelalters

Das Erdzeitalter der Dinosaurier war das Erdmittelalter (Mesozoikum). Die Bezeichnung Mesozoikum leitet sich aus dem Griechischen ab: *mesos* = Mitte und *zoon* = Lebewesen. Das Erdmittelalter begann vor rund 251 Millionen Jahren und endete vor 65,5 Millionen Jahren. Es wird in die Perioden Trias, Jura und Kreide unterteilt. Die Gliederung in die drei Abschnitte erfolgt, wie die gesamte Einteilung der Erdgeschichte, anhand von Ereignissen, die das Leben auf der Erde maßgeblich veränderten. Erkennbar sind diese heute meist am Auftreten oder Verschwinden von Fossilgruppen in zeitlich aufeinander folgenden Gesteinsschichten.

Lage und Gestalt der Kontinente veränderten sich während des Mesozoikums drastisch. Die Reptilien entwickelten sich zur beherrschenden Tiergruppe des Erdmittelalters. Zu Beginn der Trias entstanden innerhalb weniger Jahrmillionen zahlreiche verschiedene Reptilien-Gruppen. Man nennt eine solche Aufspaltung in viele verschiedene Arten Radiation.
Die wahren Könige des Erdmittelalters traten aber erst in der oberen Trias auf: die ersten „echten" Dinosaurier, aus denen sich im Jura und in der Kreide die spektakulären Giganten entwickelten.
Im Erdmittelalter lebten aber auch bereits die ersten Vertreter jener Lebewesen, die heute die Pflanzen- und Tierwelt prägen. Die Blütenpflanzen, die Säugetiere und die Vögel – sie alle haben ihre Wurzeln im Erdmittelalter.

Lebensbild aus dem Jura. *Allosaurus*

Lebensbild aus dem Jura. Von oben: *Diplodocus*, *Ophthalmosaurus* und *Rhamphorhynchus*

1. Die Welt in der Trias (251 Mio. Jahre – 199 Mio. Jahre)

Alle Kontinente waren noch zum Superkontinent Pangäa vereint. Australien und die Antarktis waren am südlichsten gelegen. Der Südpol lag im Meer. Das Klima war überall mild und warm. Weder Südpol noch Nordpol waren von Eismassen bedeckt. Im Landesinneren erstreckten sich ausgedehnte Wüstengebiete. Die Reptilien wurden zu einer mächtigen Tiergruppe. Statt der heute lebenden 4 Reptilienordnungen gab es 31, die alle Lebensräume besiedelten. An Land dominierte in der unteren Trias der kleine, pflanzenfressende *Lystrosaurus*. Die Gruppen der Echsenbecken- und Vogelbecken-Dinosaurier entwickelten sich. Flugsaurier erhoben sich erstmals in die Lüfte. In den Meeren traten Knochenfische mit Schwimmblase auf, die sich aus den primitiven Lungen der Lungenfische entwickelt hatte. Meeressaurier breiteten sich aus. Gegen Ende der Trias traten die ersten Säugetiere auf.
Die Vegetation wurde beherrscht von Ginkgos, Farnsamern, Palmfarnen und großen Nadelbäumen. Bedecktsamige Blütenpflanzen fehlten noch.
Am Ende der Trias gab es ein Massensterben, von dem viele Meerestiere und Reptilien betroffen waren.

Oben: Lage der Kontinente und Meere in der Trias vor 230 Millionen Jahren

2. Die Welt im Jura (199 Mio. Jahre – 145 Mio. Jahre)

Pangäa fing von Norden her an zu zerfallen. Es bildeten sich zunächst zwei große Kontinente: Laurasien im Norden (Nordamerika, Europa, Asien) und Gondwana im Süden (Südamerika, Afrika, Australien, Antarktis). Der Nordkontinent Laurasien begann sich langsam zu drehen und trennte sich vom Südkontinent Gondwana. Zwischen die Kontinentmassen schob sich der Tethys-Ozean. Damit wurden auch die Landfaunen getrennt. Auf jedem der beiden Großkontinente entwickelten sich eigene Saurierarten.

Das globale Klima war feucht und so warm, dass die Pole eisfrei blieben und Pflanzen die ehemaligen Wüstengebiete besiedelten. Ihnen folgten die Pflanzenfresser ins Landesinnere.

Wälder aus Mammutbäumen, Kiefern und Schuppentannen (Araucarien) entstanden. Farne und Schachtelhalme bedeckten den Boden. In Warmzeiten breiteten sich riesige Wälder mit baumähnlichen, immergrünen Palmfarnen und Ginkgo-Gewächsen aus.

Aus den Echsenbecken-Dinosauriern entwickelten sich die ersten Vögel. Der Jura-Vogel *Archaeopteryx* stellt mit seinen Federn und dem Knochenschwanz ein Bindeglied zwischen Reptilien und Vögeln dar. Riesige, pflanzenfressende Dinosaurier wie *Diplodocus* und *Brachiosaurus* wurden von ebenso mächtigen Räubern wie *Allosaurus* gejagt.

Im Meer durchlebten die Ammoniten und Fischsaurier ihre Blütezeit.

Oben: Lage der Kontinente und Meere im späten Jura vor 150 Millionen Jahren

3. Die Welt in der Kreide (145 Mio. Jahre – 65 Mio. Jahre)

Lage der Kontinente und Meere in der Kreide vor 100 Millionen Jahren

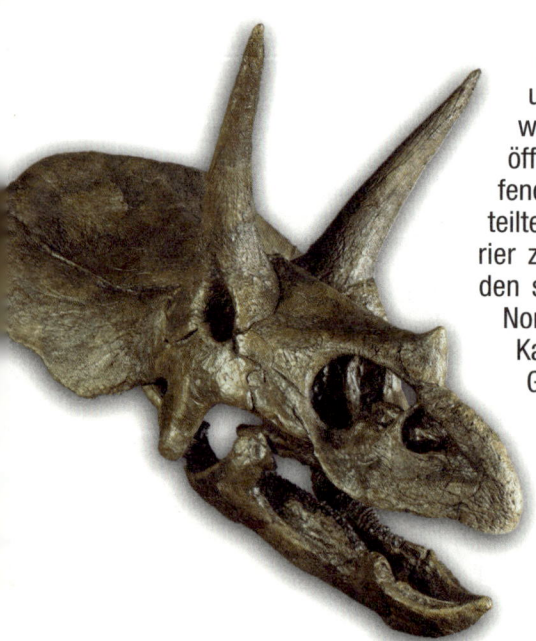

In der Kreidezeit begann der Südkontinent Gondwana in Antarktis, Australien, Südamerika und Indien zu zerfallen. Auch der Nordkontinent wurde zunehmend zergliedert. Der Nordatlantik öffnete sich allmählich, und eine Nord-Süd verlaufende Meeresstraße, der „Western Interior Seaway", teilte Nordamerika. Die Wanderrouten der Dinosaurier zwischen den Kontinenten wurden gekappt. In den seichten Meeren, die große Teile Europas und Nordamerikas bedeckten, lagerten sich mächtige Kalkschichten ab.

Gegen Ende der Kreide zerbrach der Superkontinent Pangäa endgültig. Laurasien und Gondwana zerfielen in die heutigen Kontinente, die damals allerdings noch andere Umrisse hatten. Der Himalaya, eine Vorstufe der Alpen und die Rocky Mountains bildeten sich.

Das Klima war im Bereich des Äquators noch feucht-warm, wurde aber später trockener.

Horndinosaurier *Triceratops horridus*. USA, Kreide, 70 Millionen Jahre, 2 m

Die Horndinosaurier *Protoceratops andrewsi*. Mongolei, Kreide, 80 Millionen Jahre, 2 m, Lebensbild

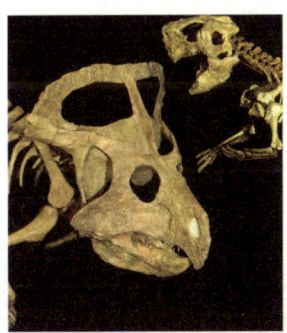

Während der Kreidezeit entstanden die ersten bedecktsamigen Blütenpflanzen. Eiche, Ahorn, Walnuss konkurrierten in den Wäldern der oberen Kreide mit den Nadelbäumen. Erste Blüten bestäubende Insekten traten auf. Da die Kontinente nicht mehr zusammenhingen, konnten sich die Tiere auf den verschiedenen Erdteilen in unterschiedlicher Weise weiterentwickeln. Es entstanden zahlreiche neue Lebensräume, und die Lebensgemeinschaften wurden immer vielfältiger.

Dinosaurier waren nach wie vor die wichtigste Tiergruppe. Die Entenschnabel-, die Dickschädel-, die Horn- und die Tyrannosaurier mit *T. rex* dominierten. Daneben gab es noch andere riesige Reptilien: 5 m große Meeresschildkröten, 15 m lange Krokodile, Flugsaurier mit einer Flügelspannweite von über 12 m und 15 m lange Fischsaurier.

Links: *Protoceratops andrewsi* (links); Mongolei, Kreide, 80 Millionen Jahre, 2 m, und *Psittacosaurus mongoliensis* (rechts), Mongolei, Kreide, 100 Millionen Jahre, 1 m. Rechts: „Dickkopf"-Dinosaurier *Homalocephale calathoceros*. Mongolei, Kreide, 80 Millionen Jahre, 25 cm

6 Vom Ei zum Giganten

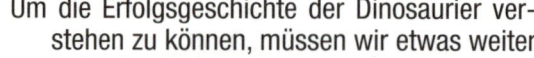

Eischale

Amnion Höhle

Blutgefäße

Embryo

Dottersack

Allantois

Schalenhaut

Chorion

Luftkammer

Um die Erfolgsgeschichte der Dinosaurier verstehen zu können, müssen wir etwas weiter in der Erdgeschichte zurückblicken, bis zu jenem Zeitpunkt nämlich, an dem die Reptilien an Land gingen. Dies war nur durch die Bildung einer festen Ei-Schale möglich. Die Ausbildung hartschaliger Eier war die wichtigste Voraussetzung für die Eroberung des Festlandes. Dadurch konnten sich die Reptilien unabhängig vom Wasser fortpflanzen, was zu einer rasanten Verbreitung und schließlich zur Vorherrschaft der Dinosaurier im Erdmittelalter führte.

Fische und Amphibien besitzen gallertige Eier, aus denen nur im Wasser Jungtiere schlüpfen können. An Land trocknen sie aus und sterben ab. Vor etwa 310 Millionen Jahren entwickelten die Reptilien zuerst Eier mit lederiger Haut und später hartschalige Eier. Die harte Schale schützt das Ei vor Austrocknung und macht es unempfindlicher gegen äußere Einflüsse. Sie hindert auch Bakterien am Eindringen und hält schädliche UV-Strahlung ab. Sauerstoff kann jedoch ins Innere gelangen, ebenso wie das vom Embryo abgegebene Kohlendioxid nach außen. Das Reptil entwickelt sich im Ei und schlüpft als fertiges Tier. Zwischenstadien wie Kaulquappen, die im Wasser überleben müssen, sind unnötig. Ein frisch geschlüpftes Reptil kann das Nest sofort verlassen, was einen enormen Startvorteil darstellt. Dinosaurier-Eier bestehen wie Vogel-Eier und Krokodil-Eier aus radial angeordneten Kalzit-Kristallen, die auf der Schalenhaut aufsitzen. In dieser Anordnung können sie vom schlüpfenden Jungtier leicht nach außen geschoben werden, während von außen ziemlich großer Druck nötig ist, um das Ei zu zerbrechen.

Oben: Schematischer Aufbau eines rezenten Hühnereies
Unten: Gruppe von *Protoceratops*-Eiern. Mongolei, Kreide, 80 Millionen Jahre, 40 cm

Die meist ovale Form verhindert, dass sich ein Ei zu weit vom Nest entfernen kann, wenn es zu rollen beginnt. Zusätzlich waren die meisten Dinosaurier-Nester muldenförmig. Die Eier lagen im Kreis und zeigten mit der Spitze nach unten. Manche Dinosaurier-Nester waren mit organischem Material bedeckt und lassen vermuten, dass einige Dinosaurier-Arten ihre Gelege mit Pflanzenmaterial bedeckten, um die Temperatur zu regulieren.

Alle Dinosaurier haben Eier gelegt (waren ovipar), und einige Saurierarten haben Nester gebaut. Riesige „Eier-Felder" von Entenschnabelsauriern (Hadrosauriern) sind vor allem aus Asien, Nord- und Südamerika bekannt. Gigantische Eier-Felder mit bis zu 90 000 Dinosaurier-Gelegen wurden aus der oberen Kreide Spaniens bekannt. Diese Gelege sind dort in einem Zeitraum von etwa 10 000 Jahren entstanden. Generationen von Dinosauriern suchten also immer wieder die gleichen Orte zur Eiablage auf. Vor wenigen Jahren wurde auch in Rumänien ein Nistplatz von Hadrosauriern gefunden.

Amerikanische Wissenschaftler entdeckten in Argentinien (Auca Mahuevo) ein Gelege-Feld von einem Quadratkilometer, auf dem sie Tausende Eier des riesigen Sauropoden *Titanosaurus* freilegten. In vielen Eiern sind sogar noch die Knochen der Embryonen erhalten.

Fast 200 Gelege von Maiasauriern wurden in der oberen Kreide von Montana (USA) ausgegraben. Ein einziges Nest des Hadrosauriers *Maiasaura* (Gute-Mutter-Echse) enthielt bis zu 20 Eier, und in unmittelbarer Nähe einiger Nester fand man auch Reste von bis zu 15 Jungtieren. Daher nimmt man an, dass *Maiasaura*-Junge nach dem Schlüpfen im „Familienverband" zusammenblieben. Wenn Eier und Jungtiere wie in Montana gemeinsam erhalten sind, lassen sich die Eier eindeutig bestimmten Dinosaurier-Arten zuordnen.

Funde von Dinosauriern, die auf ihren Gelegen sitzen, deuten darauf hin, dass einige Dinosaurier-Arten sogar Brutpflege betrieben. Das wollten selbst Wissenschaftler lange Zeit nicht glauben. Als 1924 in der Mongolei das erste Skelett eines Oviraptors gemeinsam mit einem Saurier-Gelege entdeckt wurde, war man fest überzeugt, den Eier-Dieb nach Jahrmillionen auf frischer Tat ertappt zu haben. So kam dieser Dinosaurier zu seinem wenig schmeichelhaften Namen: *Oviraptor* bedeutet Ei-Räuber. In einer Zeit, in der alle Dinosaurier als böse, gewalttätig und hinterhältig galten, schien eine andere Erklärung kaum denkbar. Heute wissen wir jedoch aus einer Vielzahl von Funden, dass es sich bei dem vermeintlichen Eier-Dieb um ein Brut pfle-

Oben: Gelege von *Oviraptor* nach 150 Stunden Präparation. Charakteristisch ist die paarweise Anordnung der länglichen, 15 cm großen Eier. Mongolei, Kreide, 80 Millionen Jahre, 60 cm

gendes Muttertier handelte. Der endgültige Beweis wurde durch Embryo-Knochen erbracht. Seinen irreführenden Namen hat *Oviraptor* aber behalten.

Neueste Funde aus China haben sogar paarige Eier im Mutterleib eines *Oviraptor*-Weibchens zum Vorschein gebracht. Die Ausbildung von jeweils zwei Eiern und die paarige Anordnung der Eier in fossilen Gelegen zeigen, dass immer zwei Eier gleichzeitig gebildet und gelegt wurden. Es waren also paarige Eileiter (Ovidukte) vorhanden. Bei heutigen Vögeln ist ein Eileiter verkümmert. Sie können immer nur ein Ei nach dem anderen legen.

Im Moment wird heiß diskutiert, zu welcher Dinosaurier-Gruppe *Oviraptor* gehört. Ist er eher mit den kleinen, wendigen Raptoren wie *Velociraptor* oder *Deinonychus* verwandt, oder ist er schon ein zahnloser Vogel mit Papageien-Schnabel? Viele Wissenschaftler stellen ihn wegen seines Skelettes und nach dem Bau seines Schädels schon zur Gruppe der Vögel. Diese Diskussion zeigt, wie nah die kleinen Coelurosaurier mit den späteren Vögeln verwandt sind.

Rekonstruktion eines *Oviraptor*-Embryos im Ei, 15 cm

Die Schwestern der Vögel

Nicht alles, was Federn hat, ist ein Vogel. So könnte man die neuesten Erkenntnisse der Dinosaurier-Forschung zusammenfassen. 99 % der Wissenschaftler sind inzwischen der Meinung, dass sich die heutigen Vögel aus einer Gruppe zweibeiniger (bipeder) Coelurosaurier entwickelt haben – als Schwestergruppe der Maniraptora (mit den Dromaeosauriern), von denen viele ebenfalls schon ein Federkleid getragen haben.

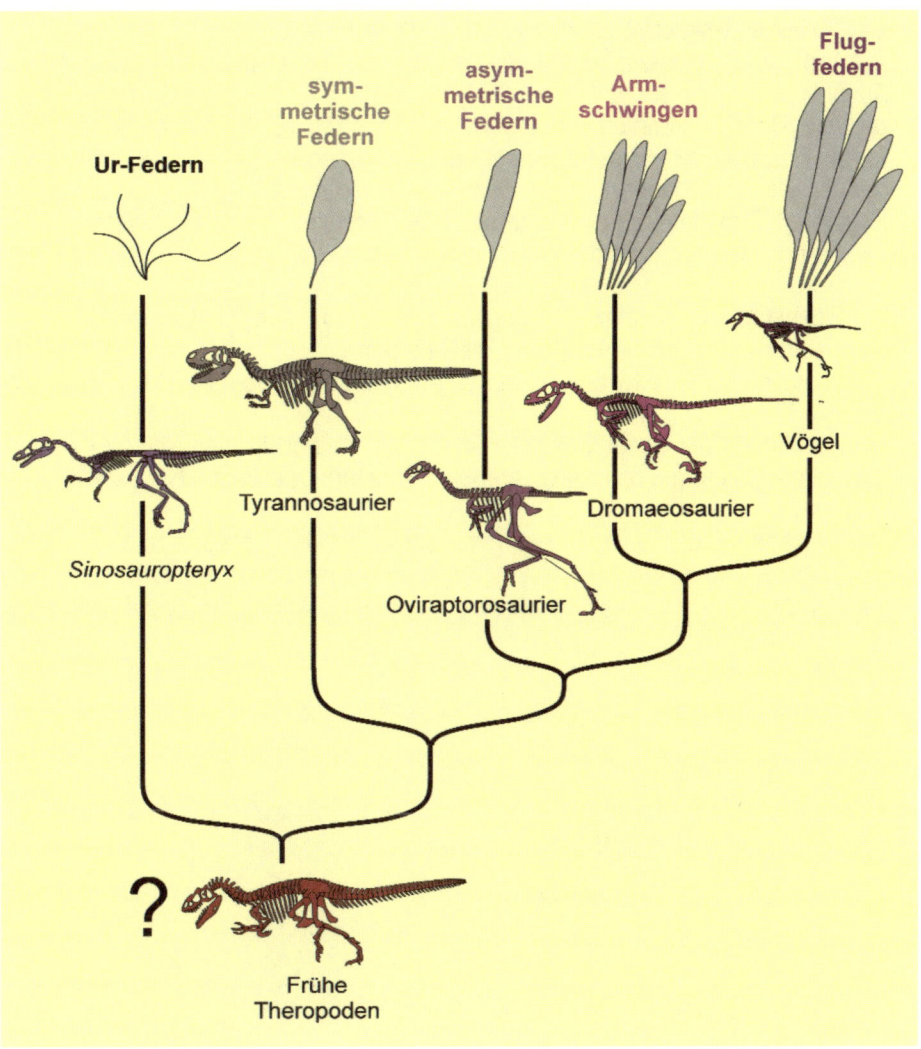

Entwicklung der Befiederung bei zweibeinigen (bipeden) Raubdinosauriern

Um aus einem flugunfähigen Dinosaurier einen flugfähigen Vogel zu machen, musste sich einiges an der Anatomie und am äußeren Erscheinungsbild der Reptilien ändern.

1. Die Orientierung des Schambeins (Pubis) kehrte sich um. Bei den theropoden Dinosauriern (Echsenbecken-Dinosauriern) zeigt das Schambein nach vorne, bei den modernen Vögeln dagegen nach hinten.
2. Der verknöcherte Schwanz wurde reduziert und verkürzt. Theropode Dinosaurier benötigten ihren Schwanz, um beim Laufen die Balance zu halten. Bei einigen Gruppen wie bei *Deinonychus* dienten verknöcherte Sehnen und Knochenstäbe zur Versteifung und als zusätzliche Stütze. Am Ende dieser Entwicklung steht der Steißknochen (Pygostyl) bei den Vögeln, von dem die Schwanzfedern ausgehen.
3. Die Arme wurden verkürzt und durch das Rollgelenk der Handwurzel beweglicher. Auch die *Dromaeosaurier* (flinke Echsen) und *Archaeopteryx* besaßen schon Rollgelenke. Dadurch konnten die Vordergliedmaßen um 180° geschwenkt und später die Flügel an den Körper angelegt werden. Allmählich wurden die Vorderextremitäten wieder verlängert und zu Schwingen umgebaut.
4. Ein großes Brustbein mit einem kammartigen Fortsatz wurde als Ansatzstelle für die Flugmuskeln gebraucht.

Einige Eigenschaften moderner Vögel gab es bereits bei den Dinosauriern:
- Dinosaurier trugen ihre Beine unter dem Körper.
- Coelurosaurier (Hohlschwanz-Echsen) hatten hohle Knochen zur Gewichtsreduktion.
- Die Ausbildung der Feder war Voraussetzung, um sich in die Lüfte zu erheben. Man nimmt heute an, dass sie schon bei Dinosauriern erfolgt ist.

Hochentwickelte Federn erlauben es den Vögeln, den Flug präzise zu steuern und punktgenau zu landen. Moderne, asymmetrische Federn lenken den Luftstrom in die optimale Richtung. Diese Eigenschaft sorgt für enorme Wendigkeit und Präzision bei Flug und Landung.

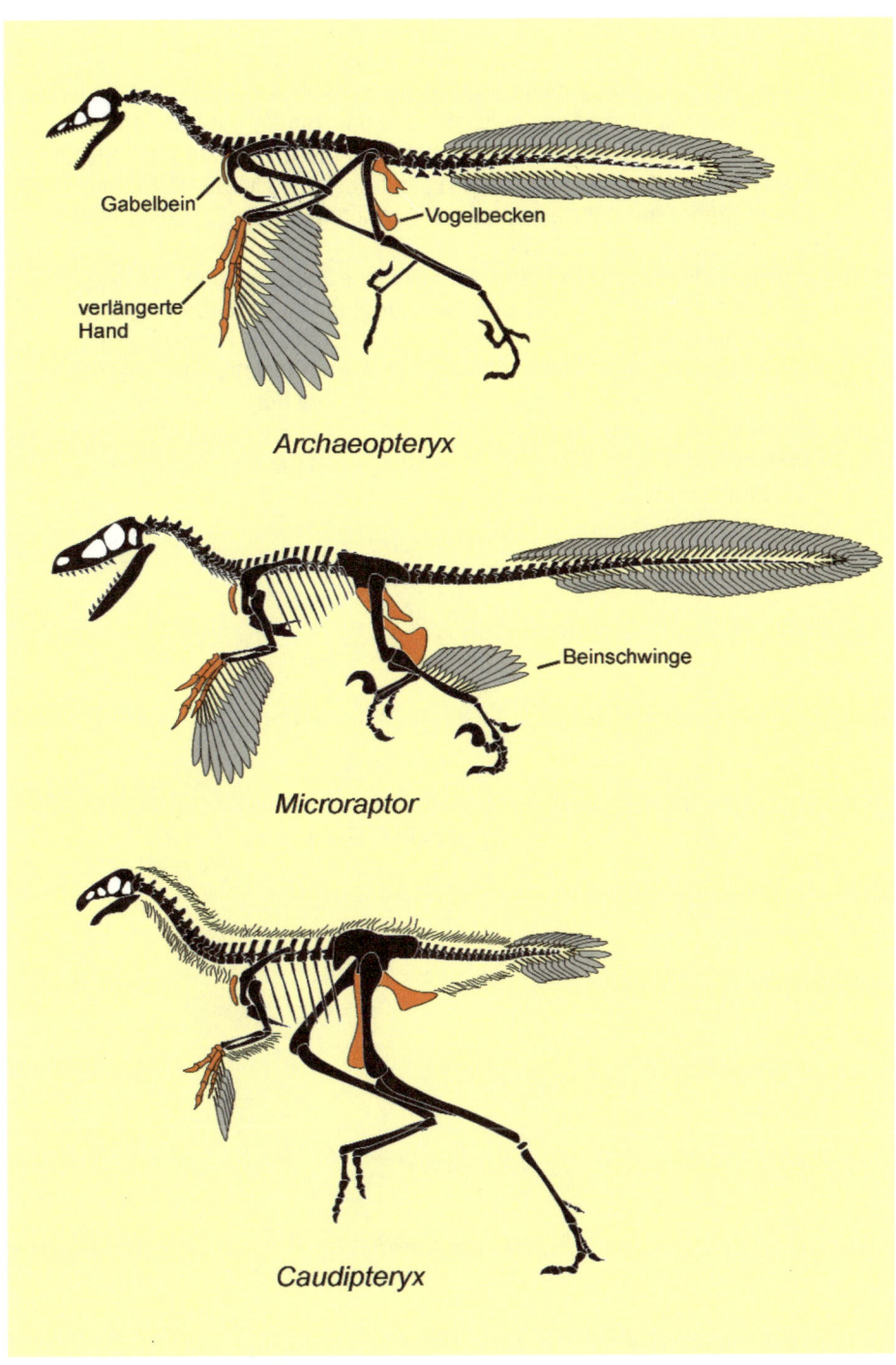

Unterschiedliche Befiederung der zweibeinigen Dinosaurier (*Caudipteryx* und *Microraptor*) und frühen Vögel (*Archaeopteryx*). Vogelmerkmale sind farblich gekennzeichnet.

Eine Feder entwickelt sich

Es ist unbestritten, dass Federn aus Schuppen der Reptilien entstanden sind. Durch sogenannte Punktmutationen an Beinschuppen von Hühner-Embryonen ist es um 1980 gelungen, molekulartechnisch einfachste fadenförmige Federn herzustellen.
Federn bestehen aus Keratin, einer hornartigen Substanz. Wie Haare, Schuppen und Nägel sind sie daher nur sehr eingeschränkt erhaltungsfähig. Trotzdem wissen wir über ihre Evolution eine ganze Menge.
Die Entwicklung der Federn lief über verschiedene Ausbaustufen. Sie begann mit den Protofedern und endete mit den Schwungfedern. Erst die asymmetrische Schwungfeder führte durch die verbesserte Aerodynamik zur Flugfähigkeit.
Der größte Vorteil der Feder dürfte zunächst die Wärme-Isolation gewesen sein. Vor allem kleinere Dinosaurier hatten im Vergleich zu ihrem Körpervolumen eine relativ große Körperoberfläche und kämpften daher mit dem Problem des Wärmeverlustes. Das Federkleid deutet auch darauf hin, dass die kleinen theropoden Dinosaurier vielleicht warmblütig waren.

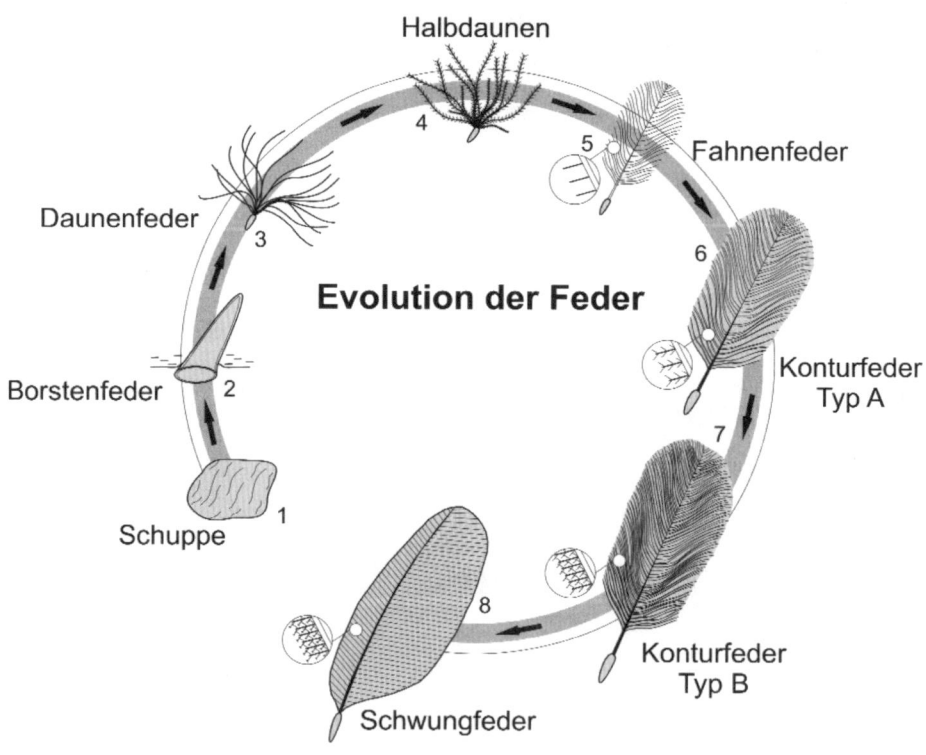

Entwicklungsstadien von der Schuppe, über filamentartige Protofedern bis hin zur asymmetrischen Schwungfeder der heutigen Vögel, Bildausschnitt 4 cm

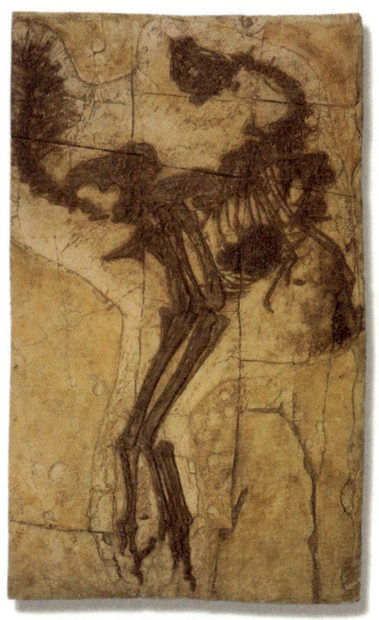

Der kleine Coelurosaurier *Sinosauropteryx*, 1,5 m lang und nur 0,3 kg schwer, wurde 1998 als einer der ersten Dinosaurier mit Federn beschrieben. Wie die meisten späteren Funde stammt er aus 125 Millionen Jahre alten Schichten der unteren Kreide Chinas. Er trug die ursprüngliche und primitivste Form der Befiederung: borstige Rückenfedern entlang der Wirbelsäule.

Zu den neuesten Funden aus der oberen Kreide der Mongolei zählt der riesige Coelurosaurier *Gigantoraptor* (gigantischer Räuber). Er lebte vor 70 Millionen Jahren, war etwa 3,5 m hoch, wog fast 3,5 Tonnen und beweist, dass nicht alle Coelurosaurier klein waren. Andere Saurischia wie *Caudipteryx* (Schwanzfeder) aus der Gruppe der Maniraptoren hatten schon vor 125 Millionen Jahren wesentlich weiter entwickelte Formen von Federn am Schwanz und an den Vorderbeinen. Unter den Dromaeosauria waren *Sirnornithosaurus* (150 Millionen Jahre) und *Microraptor* (125 Millionen Jahre) befiedert, *Microraptor* sogar an den Vorder- und Hinterbeinen.

Es gab jedoch auch unter den Ornithischia befiederte Formen. *Psittacosaurus* aus der Kreide der Mongolei war ebenfalls mit Schwanzfedern ausgestattet. Befiederung entwickelte sich mehrmals und unabhängig voneinander bei verschiedenen Dinosaurier-Gruppen. Wie viel Information das Federkleid eines Sauriers liefert, hängt eng mit der Erhaltung und den angewandten Untersuchungsmethoden zusammen.

Die langen Federn an den Vordergliedmaßen vieler befiederter Dinosaurier wie *Deinonychus*, *Velociraptor* oder *Microraptor* könnten zur Temperaturregulation während des Brütens gedient haben. Sie waren vielleicht die Vorstufe der Schwungfedern.

Oben: *Caudipteryx*, ein Vertreter der Maniraptoren („Handräuber"), trug Federn am Schwanz und an den Vorderbeinen. Die verschluckten Magensteine sind deutlich als dunkler Bereich in der Rippenregion zu sehen. Liaoning, China, 120 Millionen Jahre, 70 cm
Unten: Details der Befiederung eines Dromaeosauriers. Liaoning, China, Kreide, 120 Millionen Jahre, Bildausschnitte 4 cm

Die Evolutionsgeschichte der Vögel ist untrennbar mit dem Namen *Archaeopteryx lithographica* verbunden. Der erste *Archaeopteryx*-Fund war nur der Abdruck einer einzelnen Feder, die man damals nicht zuordnen konnte. 1861 wurde in den 150 Millionen Jahre alten Kalksteinplatten von Solnhofen (Süddeutschland) das erste Skelett entdeckt. Danach galt der etwa 70 cm große *Archaeopteryx* (Urflügel) lange als Bindeglied („missing link") zwischen Dinosauriern (und damit Reptilien) und Vögeln. Die eigentliche Sensation an *Archaeopteryx* war, dass er ein Reptilien-Skelett besaß, aber eindeutig befiedert war, wie die Abdrücke von Federn im feinen Sediment beweisen. Vogelähnlich sind aber auch die Form der Handgelenke, die Flügel, die hohlen Knochen, das Gabelbein (verschmolzene Schlüsselbeine), das Luftsacksystem und das Gehirn. Ein kielförmiges Brustbein fehlte ihm noch. Reptilienartig sind die bezahnten Kiefer, der s-förmig gebogene Hals, der lange knöcherne Schwanz (21–22 Schwanzwirbel) und die Flügel mit 3 Krallen. Neueste Erkenntnisse zeigen große Übereinstimmungen des *Archaeopteryx*-Beckens mit dem der theropoden Dinosaurier. *Archaeopteryx* hatte eine gekrümmte Hinterzehe (Hallux), die aber seitlich am Mittelfußknochen ansetzte, was nicht ideal zum Klettern auf Bäumen war. Die paarigen Schwanzfedern gingen von den Schwanzwirbeln aus (ab dem sechsten Schwanzwirbel). Im Gegensatz zu *Archaeopteryx* besitzen die heutigen Vögel ein Pygostyl (Steißknochen), das aus verschmolzenen Schwanzwirbeln gebildet wird und an dem die Schwanzfedern ansetzen. Das Federkleid war bereits sehr modern, mit

Archaeopteryx lithographica als einer der frühesten Vögel. Eichstätt, Deutschland, Jura, 150 Millionen Jahre, 45 cm

differenzierten, asymmetrischen Schwungfedern, wie sie für heutige Vögel charakteristisch sind. Die Federn dienten daher nicht nur zur Wärme-Isolation, sondern waren durchaus „flugtauglich". Trotzdem ist bis heute nicht völlig klar, ob die „Urflügel" nur zum Gleitflug oder auch zum aktiven Flatterflug fähig waren.

Bis heute sind 11 Exemplare des *Archaeopteryx* bekannt – 10 Skelette und eine einzelne Feder. Sie stammen alle aus den Solnhofener Plattenkalken. Dutzende Übereinstimmungen mit den theropoden Dinosauriern am Skelett und am Schädel wurden gefunden. Allerdings betrachten Wissenschaftler *Archaeopteryx* inzwischen nicht mehr als direkten Vorfahren der modernen Vögel, sondern als Seitenzweig des Vogelstammbaumes.

Ein weiterer berühmter „Urvogel" ist *Confuciusornis*, der in China gefunden wurde. Er lebte 10 Millionen Jahre nach *Archaeopteryx* und war den modernen Vögeln schon einen wesentlichen Schritt näher: Sein Schwanz trug lange Schmuckfedern, sein Schnabel war nicht mehr bezahnt. Kleine Poren an der Kieferoberfläche, wie man sie bei heutigen Vögeln findet, deuten sogar darauf hin, dass *Confuciusornis* einen Hornschnabel besaß, der aber fossil nicht erhalten ist. Seine Oberarmknochen weisen breite Ansatzflächen für die Flugmuskulatur auf. *Confuciusornis* war sicher bereits ein aktiver Flieger, benutzte aber wie *Archaeopteryx* seine kräftigen Krallen an den Flügeln auch zum Klettern.

Wahrscheinlich bekamen die Federn rasch Signalfunktion. Schon die Männchen von *Confuciusornis* unterschieden sich durch ihre langen Schmuckfedern von den weiblichen Tieren.

Deinonychus antirrhopus: die alte, „nackte" Rekonstruktion à la Jurassic Park. USA, Kreide, 110 Millionen Jahre, 3,5 m

Wie es genau zur Flugfähigkeit kam, ist noch immer umstritten. Es gibt zwei Erklärungsansätze:

1. Kleine, gefiederte theropode Dinosaurier vergrößerten ihre Sprungkraft, indem sie die Arme nach oben bewegten, konnten so immer höher springen und sich schließlich in die Lüfte erheben. Diese Theorie wird als *tree-up* bezeichnet (Auf-den-Baum-Springen).
2. Befiederte Dinosaurier kletterten auf Bäume und ließen sich dann zu Boden fallen – zuerst im passiven Gleitflug, später, indem sie aktiv ihre Schwingen benutzten. Diese Theorie wird als *tree-down* (Vom-Baum-Hinabgleiten) bezeichnet.

Eine dritte Theorie stützt sich auf die Beobachtung von Steinhühnern. Diese sind eigentlich flugunfähig, können aber Hindernisse mithilfe von Flügelschlägen überspringen. Auch die befiederten Dinosaurier nutzten wahrscheinlich ihre Schwingen, um die Hinterfuß-Krallen beim Erklimmen von Baumstämmen zu unterstützen und um aktiv hinunterzufliegen.

Oben: Das Modell des räuberischen *Deinonychus antirrhopus* („schreckliche Kralle"), nach neuesten Erkenntnissen im Federkleid. Unten: *Confuciusornis sanctus* als Weiterentwicklung der Vögel. Details der Befiederung nach 200 Stunden Präparation. Liaoning, China, Kreide, 125 Millionen Jahre, 60 cm lang

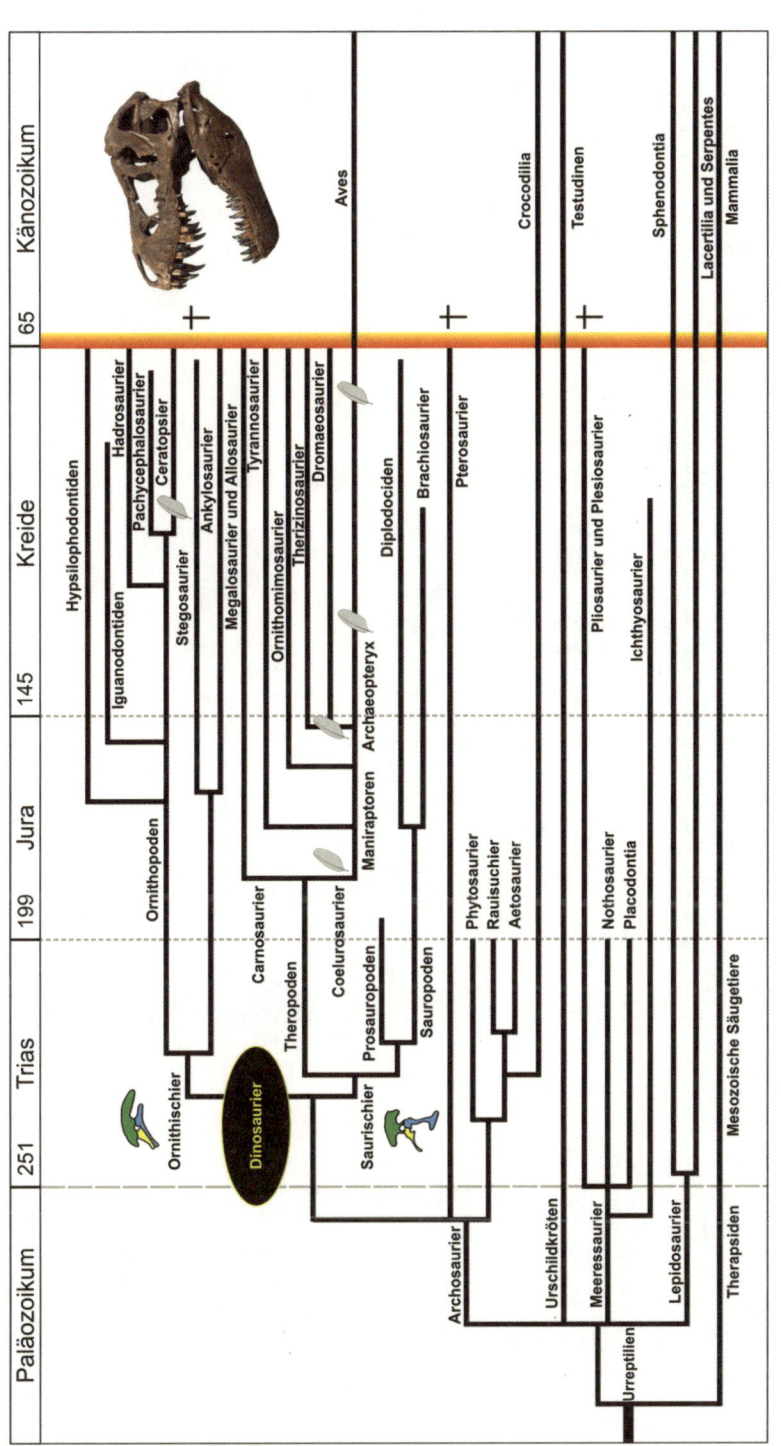

Stammbaum der Reptilien. Manche der Abzweigungen sind mit dem heutigen Wissen nicht genau zu rekonstruieren.

8 Die etwas anderen Saurier: Dinosaurier-Verwandte

1. Fischsaurier (Ichthyosaurier), Flossenechsen (Sauropterygier) und Maasechsen (Mosasaurier)

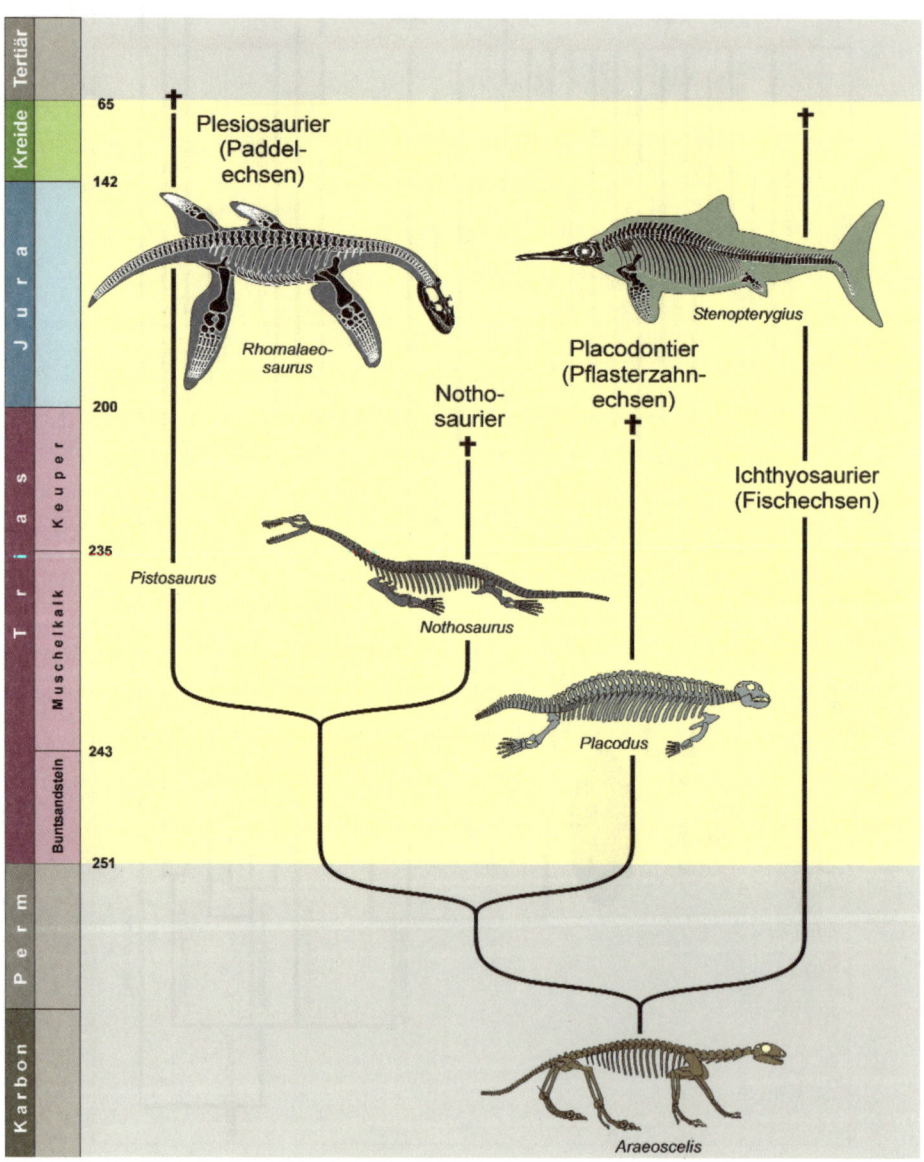

Stammbaum der Meeresechsen

Manche Reptilienarten kehrten zurück ins Wasser. Für die an Trockenheit angepassten Lebewesen bedeutete das eine große Umstellung. Einer der ersten (Perm), der diesen Schritt vollzog, war der kleine *Mesosaurus*. Mit seinem seitlich abgeflachten Schwanz und den Schwimmhäuten zwischen den langen Zehen bewegte er sich schlängelnd vorwärts und fing dabei mit seinem Reusengebiss kleine Fische und Krebse.

Eine besondere Schwierigkeit für ehemalige Landtiere ist der Auftrieb, der das Tauchen erschwert. Als Lösung wurden verstärkte, schwere Rippen, die wie der Bleigurt eines Tauchers wirken, im Tierreich gleich mehrfach erfunden. Auch *Mesosaurus* besaß kompakte Rippen. Später tauchte dieselbe Anpassung bei den Säugetieren auf. Die massivsten Rippen entwickelten die Seekühe, fast 220 Millionen Jahre nach dem *Mesosaurus*.

Die delphinähnlichen Ichthyosaurier (Fischsaurier) sind die bekanntesten Meeresechsen, die Stars unter den Meeresbewohnern des Erdmittelalters. Fischsaurier waren bestens an das Leben im Meer angepasst. Ihr torpedoförmiger Körper erinnert an Haie und Delphine; sicher waren sie genauso wendige und gefährliche Räuber. Mit ihrem muskulösen Schwanz konnten sie Geschwindigkeiten von bis zu 40 km/h erreichen. Da sie durch Lungen atmeten, mussten sie zum Luftholen an die Wasseroberfläche kommen.

Mit ihren paddelförmigen Gliedmaßen konnten die Ichthyosaurier unmöglich zur Eiablage an Land kriechen. 180 Millionen Jahre alte Fossilien von trächtigen Weibchen mit bis zu 10 Jungtieren im Körper aus Holzmaden (Deutschland) zeigen, wie die Fischsaurier das Problem lösten: Sie waren lebend gebärend (vivipar). Die Jungen kamen mit dem Schwanz voran zur Welt, so wie heute die Wale.

Der Speiseplan der Ichthyosaurier ist durch fossile Mageninhalte gut bekannt. Neben Schuppen und Knochenresten von Fischen finden sich in den Mägen besonders häufig die Fanghaken der tintenfischartigen Belemniten. Zerbissene Schalen in fossilen

Der Fischsaurier *Stenopterygius quadriscissus* aus dem Ölschiefer. Das weibliche Tier mit mehreren Jungtieren im Körper zeigt, dass Ichthyosaurier lebend gebärend waren. Holzmaden, Deutschland, Jura, 190 Millionen Jahre, 2,2 m

Kotballen zeigen, dass auch Ammoniten nicht verschmäht wurden. Wählerisch waren die Fischsaurier nicht, selbst Babyschildkröten und Vogelknochen wurden in ihren Mägen nachgewiesen.

Die Ichthyosaurier erschienen plötzlich in der frühen Trias. Ihre an Land lebenden Vorfahren sind unbekannt. Rund 100 Millionen Jahre lang beherrschten sie die Meere. Die größten Fischsaurier waren 18 m lang. Lange vor der großen Aussterbewelle am Ende der Kreidezeit begannen die Ichthyosaurier in der mittleren Kreidezeit, allmählich zu verschwinden. Die Ursache ist ungeklärt. Möglicherweise wurden sie von den modernen Haien, die sich damals entwickelten, verdrängt.

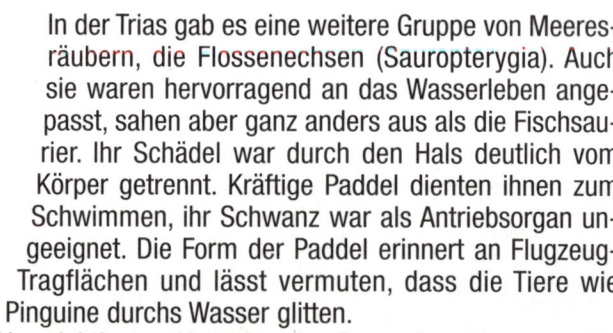

In der Trias gab es eine weitere Gruppe von Meeresräubern, die Flossenechsen (Sauropterygia). Auch sie waren hervorragend an das Wasserleben angepasst, sahen aber ganz anders aus als die Fischsaurier. Ihr Schädel war durch den Hals deutlich vom Körper getrennt. Kräftige Paddel dienten ihnen zum Schwimmen, ihr Schwanz war als Antriebsorgan ungeeignet. Die Form der Paddel erinnert an FlugzeugTragflächen und lässt vermuten, dass die Tiere wie Pinguine durchs Wasser glitten.

Die wichtigsten Vertreter der Sauropterygia waren die Plesiosaurier (Paddelechsen), die im jüngeren Mesozoikum bis zu 14 m lange Riesenformen hervorbrachten. Viele Plesiosaurier hatten extrem verlängerte Hälse und vergleichsweise kleine Köpfe. Damit konnten sie Fischschwärmen auflauern und ihre Beute dann blitzschnell „herausangeln". Eine andere Jagdtechnik wandten die kurzhalsigen Plesiosaurier an. Sie waren Hochgeschwindigkeitsjäger, wie zum Beispiel *Dolichorhynchops*, der schnellste Schwimmer seiner Zeit. In keinem der zahlreichen Plesiosaurier-Skelette wurden bisher Embryonen gefunden. Daher nimmt man an, dass sie an Land robbten wie heute die Meeresschildkröten, um ihre Eier im Sand abzulegen.

Oben: *Stenopterygius quadriscissus* mit deutlichem Flossensaum. Holzmaden, Deutschland, Jura, 190 Mio. Jahre, 2,8 m. Unten: Pflasterzähne von *Placodus* zum Zerbrechen harter Schalen, 15 cm

Auch die träge wirkenden Pflasterzahnechsen (Placodontia) gehörten zur Gruppe der Sauropterygia.

Die Mosasaurier (Maasechsen) sind die dritte wichtige Reptilgruppe, die im Erdmittelalter wieder ins Meer zurückging. Die ersten Überreste eines Mosasauriers wurden 1770 in Maastricht (Holland) gefunden. Zwar wusste man damals noch nicht, worum es sich dabei handeln könnte, doch das geheimnisvolle Objekt wurde so bekannt, dass es 1795 von den Truppen Napoleons geraubt und nach Frankreich verschleppt wurde. Dort erkannte der berühmte Anatom Georges Cuvier die Ähnlichkeit mit modernen Waranen. Er benannte die riesige Echse *Mosasaurus*, nach dem Fluss Maas (lateinisch *Mosa*).
Ihre Blütezeit erlebten die Mosasaurier während der Kreide, vielleicht begünstigt durch das Verschwinden der Ichthyosaurier. Ihre größten Vertreter wurden über 12 m lang. Sie lebten räuberisch im seichten Wasser, wo sie Jagd auf Tintenfische, Fische, Schildkröten, Flugsaurier, Haie und sogar auf andere Mosasaurier machten. Häufige Kieferverletzungen, durch Fossilfunde belegt, sind auf ihre aggressive Lebensweise und auf Kämpfe mit Artgenossen zurückzuführen.

Oben: Skelett des Plesiosauriers *Dolichorhynchops osborni*. Kansas, USA, Kreide, 88 Millionen Jahre, 3,5 m. Unten: Skelett der Pflasterzahnechse *Placodus gigas*. Deutschland, Trias, 240 Millionen Jahre, 1,5 m

Die Fundstätte des *Archaeopteryx* in Solnhofen heute. Sie wird von Hobbypaläontologen gerne besucht.

2. Flugsaurier (Pterosaurier) – Die Eroberung des Luftraumes

Die Flugsaurier waren die ersten flugfähigen Wirbeltiere. Sie erreichten im Mesozoikum eine große Formenfülle und beherrschten mindestens 140 Millionen Jahre lang den Luftraum. Pterosaurier waren weltweit verbreitet. Ihre fossilen Reste wurden daher mit Ausnahme der Antarktis überall auf der Welt gefunden. Bereits 60 Millionen Jahre vor den Vögeln waren diese Reptilien hervorragende Flieger. Die kleinsten waren nicht größer als eine Amsel, die größten erreichten wahrscheinlich eine Flügelspannweite von 12 m, das sind die Ausmaße eines Segelfliegers.

Man unterscheidet zwei große Gruppen: Langschwanz-Flugsaurier (Rhamphorhynchoidea) und Kurzschwanz-Flugsaurier (Pterodactyloidea).

Langschwanz-Flugsaurier (Rhamphorhynchoidea) sind die ältesten und ursprünglichsten Formen. Die Rhamphorhynchoidea sind an den langen, knöchernen Schwänzen erkennbar. Sie entwickelten sich in der späten Trias, vor 210 Millionen Jahren, und starben schon im späten Jura wieder aus.
Der kleine, 150 Millionen Jahre alte *Rhamphorhynchus* aus Solnhofen (Süddeutschland) war mit seinen langen, schmalen Kiefern und den scharfen, spitzen Zähnen ein erfolgreicher Fischjäger. Es wurden sogar Exemplare gefunden, die noch Fischreste im Kropf hatten. Der rhombische Hautlappen am Ende des langen, dünnen Schwanzes diente beim Gleitflug als Stabilisator.

Kurzschwanz-Flugsaurier (Pterodactyloidea) traten erstmals im Oberjura auf und starben mit den Dinosauriern vor 65 Millionen Jahren aus. Die meisten Formen waren zahnlos, hatten aber einen längeren Hals und einen längeren Kopf als die Rhamphorhynchoidea. Der kürzere Schwanz verschaffte ihnen Vorteile bei plötzlichen Wendemanövern.
Auch der taubengroße *Pterodactylus kochi* lebte in den Lagunen von Solnhofen, wo im Kalkschlamm selbst feinste Details fossil erhalten blieben. Trotz dieser nahezu perfekten Erhaltung weiß man nichts über die Farbe der Tiere. Vermutlich hatten sie wie die heutigen Vögel, die über das Meer segeln und sich von Fischen ernähren, helle Bauchseiten, um bei ihrer Jagd getarnt zu sein.

Oben: *Ramphorhynchus intermedius.* Solnhofen, Deutschland, Jura, 150 Millionen Jahre, 40 cm Flügelspannweite. Unten: *Pterodactylus kochi.* Solnhofen, Deutschland, Jura, 150 Millionen Jahre, 75 cm Flügelspannweite

Die Kurzschwanz-Flugsaurier brachten die größten fliegenden Lebewesen hervor, die jemals existiert haben: Den Rekord hält der nordamerikanische *Quetzalcoatlus* mit einer Flügelspannweite von 12 m.

Charakteristisch und allen Flugsauriern gemeinsam ist das Armskelett: die Vorderextremitäten sind zu Flugarmen umgebildet. Anders als bei Vögeln und Fledermäusen wurde die Flughaut nur über den extrem verlängerten vierten Finger aufgespannt und war auf der Höhe des Oberschenkels am Körper befestigt. So entstanden weite Schwingen, mit denen die Flugsaurier aufsteigende Luftströmungen nutzen und im Gleitflug weite Strecken zurücklegen konnten. Die ersten drei Finger blieben klein und waren mit kräftigen Krallen bewehrt, der fünfte Finger fehlte völlig. Skelettfunde haben gezeigt, dass zwischen den Fingerknochen des Flugfingers eine sehr straffe Verbindung bestand, sodass sie sich nicht gegeneinander bewegen ließen. Flugsaurier konnten also ihre Finger nicht abknicken. Nur das Gelenk zwischen dem vierten Mittelhandknochen und dem ersten Fingerglied des Flugfingers war beweglich. Dadurch konnten sie die Flügel falten und an den Körper anlegen.

Einige dieser Luftgleiter erreichten gewaltige Flügelspannweiten. *Pteranodon*, von dem mehrere fast vollständige Skelette erhalten geblieben sind, hatte eine Flügelspannweite von 7 m, wog aber nicht mehr 15 kg, und sein Körper erreichte nur die Größe eines *Albatros*. Ein bis zu 60 cm langer Knochenkamm am Hinterkopf erhöhte die Flugstabilität und stellte ein Gegengewicht zum langen Schnabel dar. Dadurch konnte er den Kopf aufrecht halten, ohne gewaltige Muskeln ausbilden zu müssen. Weil der Kopfschmuck bei männlichen und weiblichen Tieren unterschiedlich entwickelt war, spielte er wahrscheinlich auch beim Balzen und Imponieren eine wichtige Rolle. *Pteranodon* jagte im Meer und nistete auf den Uferklippen. Wie sein Name (zahnloser Flügel) andeutet, besaß dieser Kurzschwanz-Flugsaurier keine Zähne. Mit dem langen Schnabel schnappte er im Flug nach Fischen und verstaute die Beute in seinem weiten Kehlsack.

Quetzalcoatlus hatte eine Flügelspannweite von schätzungsweise 12 m. Allerdings hat man von ihm nur zahlreiche Halswirbel, einen

Skelett von *Pteranodon ingens*. Nordamerika, Kreide, 110 Millionen Jahre, 3 m Flügelspannweite

Beinknochen-Rest, Schädelfragmente und einen fast kompletten Flugarm, dessen Oberarmknochen 52 cm misst, gefunden. Außerdem kennt man Skelette von Jungtieren. Danach hat man ein ausgewachsenes Exemplar rekonstruiert: 12 m Flügelspannweite und ein Gewicht von ca. 75 kg.

Die Flughäute sind auffallend oft sehr gut erhalten. Das lässt den Schluss zu, dass sie ledrig, derb und zäh waren und dadurch der Verwesung länger widerstanden als andere Weichteile. Wie Funde aus Solnhofen zeigen, waren sie in Abständen von 0,2 mm durch elastische, 0,05 mm dicke Fasern verstärkt. Dieses Fasersystem hat wahrscheinlich auch das Flattern während des Fluges verhindert. Außerdem waren Flughäute und Körper bei vielen Flugsauriern behaart.

Alle langen Knochen waren hohl und dünnwandig. Bei den großen Vertretern der Kreidezeit hatten die Langknochen außerdem Öffnungen, durch die von der Lunge ausgehende Luftsäcke ragten. Ähnliche Konstruktionen gibt es auch bei heutigen Vögeln. Diese Luftsäcke machten die Knochen nicht nur leichter, sondern stellten auch einen wichtigen Luftspeicher dar und garantierten eine bessere O_2-Versorgung. Das geringe Körpergewicht war Voraussetzung, um den Aufwind optimal nutzen zu können.

Ornithocheirus bunzeli ist der einzige Flugsaurier, der in Österreich gefunden wurde. Nur wenige Reste von Flugfingern und ein Bruchstück eines Unterkiefers wurden in den Kohleablagerungen aus der oberen Kreide von Muthmannsdorf (Niederösterreich) entdeckt. Weltweit sind jedoch zahlreiche fossile Exemplare von *Ornithocheirus* bekannt, daher war es nicht schwer, den kleinen Österreicher zu rekonstruieren.

Modell des österreichischen Flugsauriers *Ornithocheirus bunzeli*. Muthmannsdorf, Österreich, Kreide, 90 Millionen Jahre, 4 m Flügelspannweite

9 Es endet mit einer Katastrophe: Der Impakt des Meteoriten

Während des gesamten Erdmittelalters erloschen immer wieder Gruppen, Gattungen oder Arten von Dinosauriern, und neue entwickelten sich. Am Ende des Mesozoikums jedoch starben alle Dinosaurier aus. Sie teilten das Schicksal mit 76 % aller damals lebenden Pflanzen und Tiere.

In den vergangenen Jahrzehnten wurden unzählige Gründe für dieses Aussterben strapaziert: klimatische, physiologische, ökologische, topographische, irdische und kosmische Katastrophen. Zuletzt schien der „Schuldige" in Form eines Meteoriten gefunden.

Dieser hatte einen Durchmesser von 10 km und schlug mit einer Aufprallgeschwindigkeit von 30–40 km/sek auf der mexikanischen Halbinsel Yucatán ein – in der Nähe des heutigen Indianerdorfes Chicxulub. Der Einschlag hinterließ den Chicxulub-Krater mit 180 km Durchmesser und 10 km Tiefe. Dieser Krater wurde erst 1991 entdeckt, da er mit Sedimenten gefüllt und außerdem zum Großteil vom Meer bedeckt ist. Nur geotechnische Untersuchungsmethoden wie Geolotung oder Tiefenbohrung offenbaren seine wahren Ausmaße.

Am Ende der Kreide schlug ein riesiger Meteorit im heutigen Mittelamerika ein und löschte die Dinosaurier endgültig aus. Unten: Beispiel eines kleinen Meteoriten. Steinmeteorit, gefallen am 3.2.1882 in Cluj, Rumänien, 15 cm

Die Folgen dieses Meteoriteneinschlags (Impakts) waren katastrophal. 100 000 km³ Material verdampfte und wurde in der Atmosphäre verteilt. Es kam zu Vulkanaus-brüchen und Flächenbränden, Dunkelheit und Kälte breiteten sich aus. Gewaltige Erdbeben erschütterten die Welt. Tsunamis begruben ganze Kontinente unter sich. Eine mächtige Ascheschicht verfinsterte jahrzehntelang den Himmel. Die fehlende Sonneneinstrahlung machte Photosynthese unmöglich. Pflanzen und Tiere verende-ten. Die Nahrungsketten an Land brachen zusammen. Ohne Licht verschwand nach und nach außerdem ein Großteil des pflanzlichen Planktons aus den Meeren. Damit waren auch die marinen Ökosysteme aus dem Gleichgewicht gebracht. Eine gewal-tige Aussterbenswelle erfasste die gesamte Erde.

Neueste Forschungen haben jedoch ergeben, dass die Geschichte rund um das große Sterben der Dinosaurier komplizierter sein dürfte, als bisher angenommen. Der Chicxulub-Einschlag scheint um 300 000 Jahre zu alt zu sein und kommt daher als finaler Todesstoß nicht in Frage. Dies jedenfalls ist die umstrittene Meinung ame-rikanischer Kollegen. Nach neuesten Forschungsergebnissen gab es einen zweiten, etwas jüngeren Einschlag, der vor 65 Millionen Jahren das Leben nahezu auslösch-te. Der dazugehörende Krater ist bis heute unbekannt.

Rekonstruktion des Chicxulub-Impakts im Golf von Mexiko an der Kreide/Tertiär-Grenze. Halbinsel Yucatan, 65 Millionen Jahre

Die Impakt-Theorie erhärtete sich, als 1980 in der Nähe des mittelitalienischen Ortes Gubbio in Ablagerungen der Kreide/Tertiär-Grenze Iridium gefunden wurde. Die Entdecker (Walter und Luis Alvarez) schrieben den hohen Iridium-Anteil einem gigantischen Impakt am Ende der Kreidezeit zu. Mittlerweile sind solche Iridium-Anreicherungen an der Kreide/Tertiär-Grenze auch noch von weiteren Fundorten bekannt, u. a. aus der Steiermark.

Belege für einen Impakt auf Yucatán:

1. Angereichertes Iridium in der Grenzschicht von Kreide und Tertiär: Auf der ganzen Welt findet man diese Iridium-Anhäufung in 65 Millionen Jahre alten Ablagerungen. In geochemischen Analysen lässt sie sich als Iridium-Spitze nachweisen. Normalerweise kommt das Element Iridium in dieser hohen Konzentration nur außerhalb der Erde vor, nämlich in Himmelskörpern wie Meteoriten. Die Erklärung ist, dass nach den Meteoriteneinschlägen an der Wende zum Tertiär Iridium in großen Mengen freigesetzt wurde.
2. Gehäuftes Auftreten von Mikro-Tektiten an der Kreide/Tertiär-Grenze (= K/T-Grenze): Tektite (griechisch *tektos* = geschmolzen) sind bis zu einige Zentimeter große Glasobjekte, die zwar irdischen Ursprung haben, aber nur durch den Einschlag großer Meteorite auf der Erdoberfläche entstehen. Sie sind also passive Zeugen eines Meteoriteneinschlages.
3. Funde von „Geschockten Quarzen" im Bereich des Kraters. Beim Aufprall eines so großen Himmelskörpers wird das Gestein blitzartig „geschockt", d. h. es entstehen eigenartige, typische Kristallstrukturen, die im Mikroskop als Gitter erkennbar sind.
4. Die Dichte der Gesteine im Krater ist höher als die Dichte der umgebenden Gesteine.
5. Tsunami-Sedimente, Tone und Gesteinsbruchstücke (Klaste) auf der Halbinsel Yucatán und im südlichen Nordamerika
6. Aschelagen in Sedimenten der Kreide/Tertiär-Grenze. Diese Asche ist weltweit an über 100 verschiedenen Orten nachgewiesen.
7. Sediment- und Faunen-Zusammensetzungen ändern sich schlagartig – wie nur nach einem katastrophalen Ereignis.

Kreide/Tertiär-Grenze mit schwarzer iridiumhältiger Schicht. Gams, Österreich, 65 Millionen Jahre, 30 cm hoch

Schon vor dem letzten Impakt waren in der späten Kreidezeit nach einer langfristigen Klimaänderung und nach ungewöhnlich heftigen Vulkanausbrüchen viele Saurier-Gattungen verschwunden. Die Vulkane waren über eine Million Jahre aktiv und beeinflussten mit ihrer Asche das globale Klima. Besonders betroffen war die Region um Indien. Die indische Platte wanderte in der oberen Kreide auf dem Weg nach Asien über einen *hot spot*, der diesen verstärkten Vulkanismus bewirkte. Weite Teile Indiens wurden in kurzer Zeit mit 1 Million km³ Basalt bedeckt. Damals entstanden die Deccan-Trapps, die größten Lavafelder der Erde. Als dann noch die kosmischen Bomben den Himmel verdunkelten, gerieten die ohnehin gestressten Ökosysteme völlig aus dem Gleichgewicht.

Das Aussterben der Dinosaurier hatte also verschiedene Ursachen. Die Meteoriteneinschläge versetzten ihnen nur den finalen Schlag. Wie lange der Aussterbeprozess insgesamt dauerte, ist noch ungeklärt. Einige Wissenschaftler sprechen von Tagen bis Wochen, andere von tausend bis zehntausend Jahren.

Resümee:

An der Kreide/Tertiär-Grenze starben die Dinosaurier, die Flugsaurier, die Plesiosaurier, die Mosasaurier und die Ammoniten aus. Die Ichthyosaurier verschwanden schon 30 Millionen Jahre vor Beginn des Känozoikums. Bemerkenswert ist, dass die Aussterberaten je nach Tiergruppe völlig unterschiedlich waren: Die Dinosaurier und die Ammoniten wurden komplett ausgelöscht, aber „nur" 97 % der Korallen, 95 % der planktonischen Foraminiferen, 75 % der Vögel und lediglich 12 % der Schildkröten starben aus. 51 % aller Reptilien verschwanden. Aber alle höheren Säugetiere überlebten. Fest steht, dass das Aussterben an der Kreide/Tertiär-Grenze sehr selektiv erfolgte, und dass die Lebewesen im Meer um ein Vielfaches stärker betroffen waren. Die Faktoren, die für das unterschiedliche Erlöschen der verschiedenen Tiergruppen verantwortlich waren, kennt man noch nicht genau.

Am Ende des weltweiten Chaos stand der Aufbruch in eine neue Ära: Das Zeitalter der Säugetiere. Die ersten Säuger gab es schon in der oberen Trias vor 220 Millionen Jahren, doch standen sie das gesamte Erdmittelalter über im Schatten der Dinosaurier. Bereits in der unteren Kreide kam es zur ersten großen Ausbreitungswelle der Säugetiere. Endgültig durchsetzen konnten sie sich jedoch erst nach der K/T-Katastrophe, indem sie die ökologischen Nischen nutzten, die durch das Aussterben der Dinosaurier frei geworden waren.

Moldavit entsteht als geschmolzenes Glas nach dem Einschlag eines Meteoriten. 2 cm

Mesozoikum 65	Känozoikum
Kreide	**Paläogen**

18%	**Selachii (Haie) und Batoidea (Rochen)** →
12%	**Osteichthyes (Knochenfische)**
0%	**Amphibia (Lurche)** →
27%	**Testudines (Schildkröten)** →
36%	**Crocodylia (Krokodile)** →
16%	**Lacertilia (Echsen) und Serpentes (Schlangen)** →
100%	**Dinosaurier** ✝
100%	**Pterosaurier** ✝
100%	**Plesiosaurier** ✝
75%	**Marsupialia (Beuteltiere)** →
14%	**Eutheria (Plazentatiere)** →

Das Ausmaß des Aussterbens einiger Wirbeltiergruppen an der Kreide/Tertiär-Grenze in Montana, USA

🔟 50 Fragen auf einer endlosen Spurensuche

Im Folgenden versuchen wir Antworten auf die meistgestellten Fragen über die Dinosaurier zu geben. Dabei stehen die neuesten Forschungserkenntnisse im Vordergrund. Natürlich wird auch nicht verschwiegen, dass es zu einigen Themen unterschiedliche, heftig diskutierte Meinungen gibt. Jeden Tag können neue Funde unser bisheriges Bild von der Welt der Dinosaurier auf den Kopf stellen.

❶ *Wo kann man Dinosaurier finden?*
Dinosaurier-Knochen findet man wie alle Fossilien in erster Linie in Sedimentgesteinen. Ein wichtiger Grund für die Fossilisation ist, dass ein Lebewesen oder seine Spuren in Sediment (Schlamm, Ton oder Sand) eingebettet und luftdicht abschlossen werden. Wenn sich das Sediment verfestigt, entsteht daraus ein Sedimentgestein, und die darin eingeschlossenen Reste können zum Fossil werden.

Einige der weltweit bekanntesten Dinosaurier-Fundgebiete, geordnet nach ihrem Alter (von der Trias zur Kreide, also von den ältesten zu den jüngsten): Santa Maria (Brasilien), Elgin (Schottland), Löwenstein-Formation (Deutschland), Kupferzell (Deutschland), Lufeng (China), Kayenta (USA), Holzmaden (Deutschland), Shanshaximao (China), Forest Marble (England), Oxford Clay (England), Santana-Formation (Brasilien), Teruel-Provinz (Spanien), Tendaguru-Formation (Tansania), Solnhofen (Deutschland), Morrison-Formation (USA), Howe Quarry, Wyoming (USA), Douglass Quarry, Dinosaur National Monument Utah (USA), Liaoning (China), Niobrara-Meer (USA), ganz Patagonien (Argentinien), Wüste Gobi (Mongolei), ganz Madagaskar, Alberta (Kanada), Hell Creek (USA), Hatzeg (Rumänien), Texas (USA), Montana (USA).

❷ *Warum sind die Solnhofner Plattenkalke so berühmt?*
Die Kalke aus Solnhofen (Deutschland) wurden im oberen Jura (vor 150 Millionen Jahren) abgelagert und zählen zu den bedeutendsten Fossilschichten der Welt. 750 verschiedene Tier- und Pflanzenarten wurden von dort beschrieben. Während der Jurazeit lag Solnhofen im Schelfbereich des Tethys-Meeres. In Ufernähe entstanden damals mehrere flache Ablagerungsbecken (Wannen), die keine Verbindung zum offenen Meer hatten. Durch die Abschnürung vom sauerstoffreichen Wasser der offenen See und durch die hohe Verdunstung im warmen und trockenen Klima stieg die Salzkonzentration in diesen Becken an. Sie wurden zu Todesfallen für Meerestiere wie Pfeilschwanzkrebse (*Limulus*), die im salzreichen Wasser verendeten. Aber auch für Dinosaurier (*Juravenator*), Flugsaurier (*Rhamphorhynchus*), Vögel (*Archaeopteryx*) und Insekten (Libellen) waren diese Wannen gefährlich. Die fliegenden Tiere wurden wahrscheinlich durch starke Stürme auf die Wasserfläche gedrückt und ertranken. Sie wurden sehr rasch in feinsten Kalkschlamm, bestehend aus Mikroorganismen und ausgefälltem Kalk, eingebettet. Der Kalkschlamm verfestigte sich im Laufe von Jahrmillionen zu 90 m hohen Kalksedimentgesteinen. Weil das Sediment

sehr feinkörnig war, blieben selbst Details von Federn und sogar die 0,05 mm schmalen elastischen Fasern von den Flughäuten der Flugsaurier erhalten. Fundstellen mit exzellent konservierten Fossilien (vollständig und mit Weichteilerhaltung) nennt man Konservatlagerstätten.

3 Was bleibt von einem Dinosaurier erhalten?

Knochen, Krallen, Stacheln, Zähne, Schuppen, Federn, Ei-Gelege, Magensteine, Kot und Fährten von Dinosauriern können fossil werden. Auch Ausgüsse von Gehirnschädeln können als Steinkerne erhalten sein. Aus Knochen von *T. rex*, die man mit schwachen Säuren behandelte, konnte man sogar schon Kollagen (den organischen Hauptbestandteil der Knochen), Teile von Blutgefäßen sowie Reste von roten Blutkörperchen und Proteinen sicherstellen.

4 Wie viele Dinosaurier-Arten hat es gegeben?

Wir kennen derzeit ungefähr 730 Dinosaurier-Arten. Nach Hochrechnungen von Wissenschaftlern ist das etwa ein Drittel aller Dinosaurier, die jemals gelebt haben.

5 Was sagen uns die Namen der Dinosaurier?

Die Namen der Dinosaurier haben meist einen lateinischen oder altgriechischen Ursprung. Oft beziehen sie sich auf die Gestalt, die Größe, den Fundort oder die vermutliche Lebensweise.

Oben: Reste eines Dinosauriers, die nach der Fossilisation gefunden werden können. Im Uhrzeigersinn von links oben: Eier im Körper und außerhalb in Nestern, Magensteine, Haut, Federn, Zähne, Knochen, Krallen, Fährten, Kot

Dinosauria = Schreckliche Echsen; griech. *deinos* schrecklich, *sauros* Echse
Stegosauria = Stachel-Echsen
Ankylosauria = Panzer-Echsen
Ceratopsia = Gehörnte Gesichter; Horn-Dinosaurier
Ornithopoda = Vogelfüßer; Vogelfuß-Dinosaurier
Hadrosauria = Entenschnabel-Echsen
Pterosauria = Flug-Echsen
Ichthyosaurier = Fisch-Echsen
Coelurosaurier = Hohlschwanz-Echsen
Tyrannosaurus rex = Königliche Tyrannenechse
Allosaurus = Andersartige Echse
Triceratops = Dreihorn-Gesicht
Deinonychus = Schreckliche Kralle
Diplodocus = Doppelbalken; altgriechisch *diplos* doppelt, *dokos* Balken
Iguanodon = Leguan-Zahn
Brachiosaurus = Arm-Echse
Megalosaurus = Riesige Echse
Gigantosaurus = Gigantische Echse
Argentinosaurus = Argentinische Echse
Micropraptor = Kleiner Räuber

6 **Was versteht man unter dem „Krieg der Knochenjäger"?**
Die Jagd auf fossile Dinosaurier-Knochen machte in der zweiten Hälfte des 19. Jahrhunderts die Saurier-Forscher Edward Drinker Cope (1840–1897) und Othniel Charles Marsh (1831–1899) zu erbitterten Feinden. Der Kampf um immer neue Funde, Erstbeschreibungen und Publikationen verwandelte ihre anfängliche Freundschaft rasch ins Gegenteil.

7 **Wie alt sind die ältesten Dinosaurier?**
Die ältesten Dinosaurier wie *Eoraptor* und *Herrerasaurus* stammen aus der frühesten oberen Trias und sind somit etwa 230–220 Millionen Jahre alt.

8 **Woher stammen die Dinosaurier?**
Die Dinosaurier entwickelten sich in der oberen Trias aus der Gruppe der Archosaurier (herrschende Echsen).

9 **Was sind die Kennzeichen eines Dinosauriers?**
1. Alle Dinosaurier waren Landtiere.
2. Ihre Gliedmaßen standen wie bei Säugetieren und Vögeln senkrecht unter dem Körper. Dadurch konnten sie ihren schweren Körper tragen und schneller und Kraft sparender laufen. Voraussetzung waren viele Anpassungen im Skelett. Charakteristisch ist vor allem das Becken mit einem durchbrochenen Acetabulum (Hüftgelenkspfanne).

3. Sie besaßen einen nach innen gebogenen Femurkopf (Kopf des Oberschenkelknochens).
4. Sie waren Zehengänger.
5. Sie hatten einen speziellen Gelenkstyp: Die Gelenksachse bildete zwischen erster und zweiter Fußwurzelknochen-Reihe eine Horizontale.
6. Das Becken war mit 3 oder mehreren Kreuzwirbeln fest verbunden.
7. Aufsteigender Fortsatz des Astragalus (Sprungbeins)
8. Ihre Fingerknochen waren unterschiedlich stark reduziert.
9. Sie hatten einen s-förmigen Schwanenhals.
10. Meist waren die Vorder-Gliedmaßen halb so lang wie die Hinter-Gliedmaßen.
11. Sie wiesen 5 Schädelöffnungen auf jeder Seite des Schädels auf. Dadurch war das Gewicht des Kopfes gering. Die Öffnungen schufen gleichzeitig Ansatzstellen für die kräftige Schädelmuskulatur.
12. Sie besaßen zwei Gaumenknochen, die von der Schnauzenspitze bis zu den beiden Schädelöffnungen vor den Augenhöhlen reichten. Man nennt diese Knochen an der Basis des Nasen-Rachenganges auch Pflugscharbeine.
13. Ihre Zähne saßen in tiefen Zahnhöhlen.

⑩ _Wie kann man Saurischia (Echsenbecken-Dinosaurier) und Ornithischia (Vogelbecken-Dinosaurier) unterscheiden?_
Entscheidendes Merkmal sind die Beckenknochen: Bei den Saurischia zeigt das Schambein (Pubis) nach vorne, bei den Ornithischia nach hinten. Nur ein kleiner Teil des Schambeins – als Praepubis bezeichnet – ist auch bei den Ornithischia nach vorne orientiert.

⑪ _Wann haben die Dinosaurier gelebt?_
Dinosaurier lebten von der oberen Trias (vom mittleren Karnium) vor etwa 230–220 Millionen Jahren bis zum Ende der Kreide vor etwa 65 Millionen Jahren. Sie starben an der Kreide/Tertiär-Grenze (Ende des Maastrichtiums) aus.

⑫ _Wo haben Dinosaurier gelebt?_
Dinosaurier waren ausschließlich Landbewohner. Ihre fossilen Reste sind auf allen Kontinenten zu finden: in der Antarktis, in Australien, Asien, Nord- und Süd-Amerika und in Europa. Auch wenn man die Kontinentaldrift berücksichtigt, kann man sagen, dass die Dinosaurier weltweit das gesamte Festland bewohnt haben. Selbst in Madagaskar kann man heute riesige Dinosaurier-Skelette finden, weil die Insel im Mesozoikum mit Afrika bzw. Australien verbunden war und daher Dinosaurier einwandern konnten.

⑬ _Wie haben Dinosaurier ausgesehen?_
Um diese Frage beantworten zu können, muss man vollständige Dinosaurier-Skelette finden. Diese bilden die Basis für alle weiteren Untersuchungen und Rekonstruktionen. Aus ihnen kann man Gestalt, Körperhaltung und Bewegungsabläufe ableiten. Die Zähne geben Aufschluss über die Ernährung.

Besonders wichtig sind zusätzliche Informationen durch Funde von organischen Weichteilen (Haut, Schuppen, Federn oder Muskeln). Leider bleiben diese nur äußerst selten erhalten. Für Rekonstruktionen werden zuerst die Weichteile am Schädel (Muskeln und Haut) nachgebildet, um den Kopf darzustellen. Dann folgt der Rest des Körpers. Der Wahrheitsgehalt einer solchen Rekonstruktion hängt meist vom Wissensstand und von der Seriosität der beteiligten Wissenschaftler oder Künstler ab. Ein bisschen Vermutung spielt aber bei jedem Modell eine Rolle.

Manchmal kann man auch mit dürftigen Resten einiges anfangen, wie das Beispiel des *Struthiosaurus austriacus* zeigt. Dieser Dinosaurier lebte in der oberen Kreide (vor 80–90 Millionen Jahren) auf einem kleinen tropischen Inselarchipel – dort, wo sich später die Alpen auffalten sollten. Sein Name bedeutet „österreichische Straußenechse". Gefunden wurden die fossilen Reste dieses kleinen Pflanzenfressers 1859 an der Hohen Wand bei Muthmannsdorf (in der Nähe von Wien). Es waren aber nur einige wenige Knochen, wie Panzerplatten, Stacheln und andere Fragmente. Durch Vergleiche mit vollständigen Skeletten europäischer Dinosaurier stellte man fest, dass es sich bei diesem „Ur-Österreicher" um einen kleinen, höchstens 3 m großen Ankylosaurier handelt – eine winzige, gut gepanzerte Inselform. Seine großen Verwandten wie *Ankylosaurus* wurden bis zu 10 m lang und bis zu 7 t schwer. Nach ihrem Vorbild konnte man *Struthiosaurus austriacus* ziemlich genau rekonstruieren.

Oberschenkelknochen, Schulterblatt und verschiedene Stacheln des „Ur-Österreichers" *Struthiosaurus austriacus* (österreichische Straußenechse) – oben – ermöglichte die Rekonstruktion dieses Ankylosauriers (unten). Muthmannsdorf, Österreich, Kreide, 90 Millionen Jahre, Knochen bis zu 25 cm, gesamt bis zu 3 m

⑭ *Können sich solche Rekonstruktionen auch als falsch herausstellen?*
Ja, wie das Beispiel *Iguanodon* zeigt. Seit Gideon Algernon Mantell im Jahr 1835 die erste *Iguanodon*-Rekonstruktion versuchte und den Dinosaurier als leguanähnliches Tier mit einem Horn auf der Nasenspitze darstellte, hat sich einiges getan. Sir Richard Owen sah 1841 *Iguanodon* als riesiges, plumpes nashornartiges Lebewesen. Der Museumsassistent Louis Dollo stellte *Iguanodon* 1882 nach weiteren Funden aufrecht auf die Hinterbeine. Das „Nasenhorn" interpretierte er anhand von vollständigen Skeletten richtig als Daumenknochen. Nach neuesten Erkenntnissen war *Iguanodon* weder plump noch langsam, sondern ein wendiger Dinosaurier, der sich meist auf zwei Beinen fortbewegte, die Wirbelsäule waagrecht und den Schwanz hoch hielt.

Geschichte der Rekonstruktionen von *Iguanodon* (Leguan-Zahn) im Laufe der Zeit. Links: Skelett eines *Iguanodon bernissartenis*. Bernissart, Belgien, Kreide, 130 Millionen Jahre, 11 m. Rechts oben: die erste Rekonstruktion durch Benjamin Waterhouse Hawkins, 1852. Mitte: eine modernere Rekonstruktion nach Vernon Edwards 1940. Rechts unten: die neueste Entwicklung in der Darstellung von *Iguanodon* als dynamisches Tier. Rekonstruktionen bis zu 50 cm

⑮ *Waren Dinosaurier befiedert, beschuppt oder gar behaart?*

Dinosaurier-Schuppen sind meist als Hautabdrucke erhalten und nur wenige cm^2 groß. Die Funde von Entenschnabel-Dinosauriern aus der oberen Kreide Montanas (77 Millionen Jahre alt), bei denen 50–70 % der Körperbedeckung noch als Abdruck erhalten sind, bedeuten eine wissenschaftliche Sensation. Sie stellen eine Kostbarkeit dar und werden in speziellen Klimakammern aufbewahrt. So gut konserviert wurden sie deshalb, weil es durch Sauerstoffabschluss oder durch rasche, extreme Austrocknung zu einer Art Mumifizierung des Kadavers kam. Auf diese Weise blieben die Schuppen lange genug erhalten, um sich im Sediment zu verewigen.

Bei einem dieser Dinosaurier der Art *Brachylophosaurus*, der „Leonardo" getauft wurde, kann man sogar verschiedene Arten von Schuppen unterscheiden.

Federn und ihre Vorläufer sind sowohl bei einigen Dinosaurier-Gruppen (*Caudipteryx*, *Sinosauropteryx*, Microraptoren) als auch bei fossilen Vögeln (*Archaeopteryx*, *Confuciusornis*) erhalten.

Heute wissen wir, dass die meisten Dinosaurier nicht nackt umherliefen wie in Stephen Spielbergs „Jurassic Park", sondern befiedert waren. In Zukunft wird sich wahrscheinlich herausstellen, dass noch mehr Dinosaurier-Arten ein Daunen- oder Federkleid getragen haben, als bisher angenommen.

Besonders wichtige Belege dafür sind die einzigartigen Funde aus der unteren Kreide der chinesischen Provinz Liaoning. Dort fielen zahlreiche Urvögel und befiederte Dinosaurier in einen See, wurden unter Sauerstoffabschluss eingebettet und durch Vulkanasche perfekt konserviert.

Eine andere Art der Körperbedeckung, nämlich Behaarung, kennt man bisher nur von Flugsauriern aus dem oberen Jura Deutschlands (*Rhamphorhynchus*, *Pterodactylus* und *Dorygnathus*).

⑯ *Wie haben Dinosaurier gelebt?*

Dinosaurier waren ausschließlich Landtiere. Es gab eher träge Pflanzenfresser und flinke, fleischfressende Räuber. Die pflanzenfressenden Arten wanderten in großen Herden durch die Landschaft und legten unter dem Druck des sich ständig wandelnden Klimas weite Strecken zurück. Ihre Feinde, die Raubsaurier, folgten ihnen. Um überleben zu können, mussten sich sowohl Räuber als auch Beutetiere ständig weiterentwickeln. Dieses „Gleichgewicht des Schreckens" bestimmte das Tempo der Evolution.

⑰ *Waren Dinosaurier Herdentiere?*

Wenn viele Skelette der gleichen Dinosaurier-Art nebeneinander gefunden werden, liegt der Schluss nahe, dass diese Art in Herden unterwegs war. *Plateosaurus* war einer der am weitesten verbreiteten Dinosaurier in der oberen Trias. In Deutschland bei Trossingen wurden aus der Löwenstein-Formation an einem einzigen Fundort fast 100 *Plateosaurus*-Skelette gefunden, viele davon vollständig. Wahrscheinlich verendete eine ganze Herde auf ihrer Wanderung. Die Gründe dafür kennen wir nicht.

Mapusaurier, fleischfressende Dinosaurier, die erst vor kurzem in Patagonien neu entdeckt wurden, lebten in Familienverbänden. Unter den Hunderten von Knochenfunden waren 9 Skelette, die bewiesen, dass ältere Tiere gemeinsam mit Jungtieren unterwegs waren.

Viele räuberische Dinosaurier, u. a. *T. rex*, jagten im Rudel, wie Skelette aus Montana (USA) beweisen. Auch die verheilten Knochenbrüche, die man am Skelett des berühmten *T.-rex*-Weibchens *Sue* feststellte, lassen auf ein Leben im Rudel schließen. Ein so schwer verletzter Raubsaurier hätte auf sich allein gestellt nicht lange überlebt. Das war nur im Schutz eines Rudels möglich.

Hinweise auf Dinosaurier-Herdenverhalten liefern auch riesige Gesteinsplatten und Felswände mit den Fährten von Hunderten Dinosauriern. Diese Spuren stammen von Sauropoden, den größten Landtieren der Erdgeschichte. *Argentinosaurus*, *Brachiosaurus* und *Diplodocus* wanderten in großen Gruppen, wie parallel verlaufende Trittsiegel beweisen.

Wahrscheinlich schützten die erwachsenen Saurier dabei ihren Nachwuchs, indem sie die Jungtiere in ihre Mitte nahmen.

Ansammlungen von mehreren hundert nebeneinander liegenden Dinosaurier-Nestern lassen den Schluss zu, dass viele Dinosaurier auch zur gleichen Zeit ihre Eier ablegten. In Ablagerungen aus der Kreide Patagoniens entdeckten amerikanische Wissenschaftler ein riesiges Feld mit Gelegen von Sauropoden. Ein Areal von 1 km^2 barg Tausende Eier von Titanosauriern, viele davon enthielten sogar Knochen von Embryonen.

In Kreide-Ablagerungen in der Mongolei fand man zahlreiche Nester von *Oviraptor*, und neben den Gelegen die Reste unzähliger Jungtiere. Wahrscheinlich handelte es sich um eine fossile Brutkolonie, ähnlich den Nistplätzen heutiger Seevögel.

18 *Was sagen uns fossile Fährten?*

Fährten sind häufiger als fossile Knochen. Ein Lebewesen kann nur ein Körperfossil hinterlassen, aber unzählige Fährten. Leider findet man diese selten gemeinsam mit ihrem Verursacher.

Die ersten Fährten von Dinosauriern wurden um 1802 in Massachusetts (USA) beim Pflügen gefunden. Damals glaubte man noch, ein biblisches Relikt entdeckt zu haben. Der dreizehige Abdruck wurde dem Raben zugeschrieben, den Noah von seiner Arche fliegen ließ, um die Nähe des Festlandes zu überprüfen.

Heute findet man Dinosaurier-Fährten vor allem in trockenen Gebieten, in Wüsten oder Halbwüsten. Aufgrund der geringen Verwitterung bleiben fossile Fußspuren dort am besten erhalten. Meist handelt es sich nur um einzelne Abdrücke (Trittsiegel), doch in besonderen Glücksfällen sind ganze Wanderrouten von Dinosauriern dokumentiert. Berühmte Spurenplatten gibt es in Argentinien, Australien, Bolivien, Mexiko, in der Mongolei und in den USA. Aber auch steil stehende Kalkwände in den

Schweizer Alpen weisen mitunter lange Fährten von Dinosaurier-Herden auf – versteinerte Grüße von Spaziergängen am Meeresstrand aus dem Erdmittelalter!

Fußspuren (Fährten) erlauben uns Rückschlüsse auf die Lebensweise der Dinosaurier, ihre Zahl (Populationsstärke), ihr Sozialverhalten und ihre Geschwindigkeit. Sie
geben Aufschluss über die Zusammensetzung der Dinosaurier-Herden und über ihre
Wanderrouten entlang der Urzeit-Meere. Größere und kleinere Fußabdrücke derselben Saurierart liegen unmittelbar nebeneinander, wenn die erwachsenen Tiere gemeinsam mit den Jungtieren in Herden unterwegs waren.
Die Fußabdrücke der häufigsten Dinosaurier-Arten kann man natürlich identifizieren.
So hinterlassen zum Beispiel einige Raubdinosaurier, aber auch *Iguanodon*, dreizehige Trittsiegel, Sauropoden dagegen rundliche Spuren. Kommen beide Typen gemeinsam vor, könnte das auf eine Jagd hindeuten. Vielleicht gingen die Tiere aber
auch nur zufällig am gleichen Strand entlang und sind einander niemals begegnet.
Die Zukunft wird hier noch Klarheit bringen.

Oben: Fußspuren rezent und fossil. Links: Ein bekannter Vertreter der Vertebraten (Wirbeltiere)
hinterließ seine Spuren im Sand Ägyptens: der Mensch. Rechts: Eine fast senkrechte Felswand
mit Sauropoden-Fußspuren. Wissenschaftler im Tragekorb versuchen, die Abdrücke abzugießen.
Lommiswil bei Solothurn, Schweiz, Jura, 150 Millionen Jahre, Bildausschnitte 200 m

Die Fußabdrücke mancher Fährten liegen sehr weit auseinander, was auf große Schrittlängen schließen lässt. Aus den Abständen zwischen den einzelnen Trittsiegeln lässt sich außerdem die Laufgeschwindigkeit berechnen. Daher wissen wir, dass viele Dinosaurier – besonders die räuberischen Formen – sehr flink und beweglich waren. Das Bild von den trägen Echsen wurde längst als falsch entlarvt.

Neben der Form des Abdruckes kann man seine Tiefe auswerten und ableiten, wie der Saurier aufgetreten ist, ob er lief oder still stand. Man kann den Spurenabstand in Relation zur Knochenlänge setzen und so Geschwindigkeiten ermitteln. Neueste Berechnungen haben ergeben, dass Raubsaurier wie *Tyrannosaurus* und die Raptoren eine Laufgeschwindigkeit von über 40 km/h erreichen konnten. Nach Berechnungen der Biomechaniker sind die früher angenommenen Geschwindigkeiten von über 70 km/h für *T. rex* nicht realistisch. Für derartige Geschwindigkeiten hatte der *Tyrannosaurus* auch zu schwache Beinmuskeln.

Bei Vierfüßern kann man aus den Fährten auch die ungefähre Rumpflänge ermitteln: Der Abstand zwischen aufeinander folgenden Abdrücken der Vorder- und der Hinterbeine entspricht der Entfernung zwischen Becken- und Schultergürtel.
Auch die Stellung der Beine lässt sich durch Spuren rekonstruieren. Rechte und linke Fährte verlaufen bei Dinosaurier-Spuren typischerweise in einer Linie und parallel zueinander. Das funktioniert nur, wenn sich die Beine fast senkrecht unter dem Rumpf befanden.

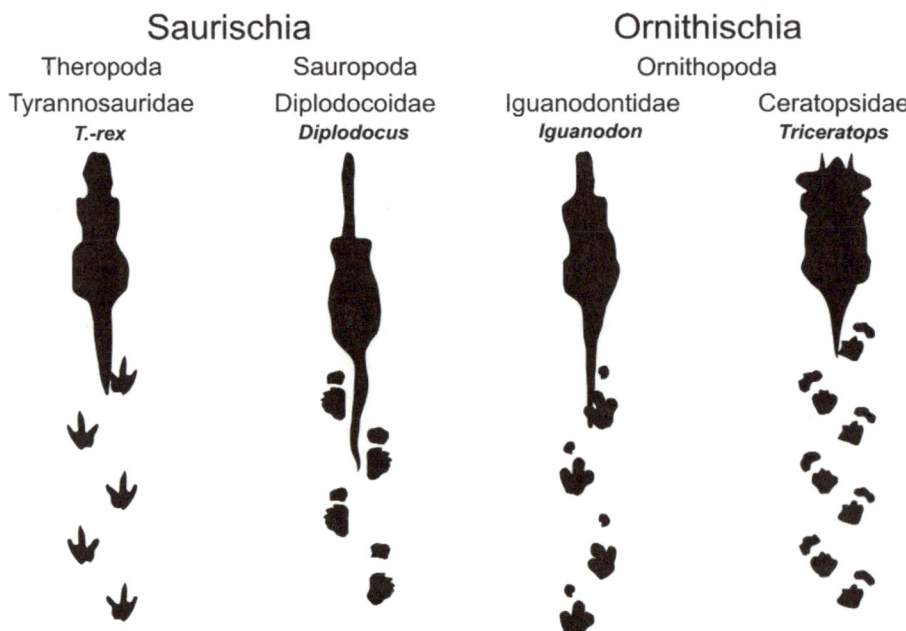

Saurischia		Ornithischia	
Theropoda	Sauropoda	Ornithopoda	
Tyrannosauridae	Diplodocoidae	Iguanodontidae	Ceratopsidae
T.-rex	*Diplodocus*	*Iguanodon*	*Triceratops*

Fährtenbilder verschiedener Dinosaurier-Gruppen und ihre Verursacher

Fußspuren sind nicht zuletzt deshalb so wertvoll, weil sie immer in dem Sediment erhalten sind, über das sich der Dinosaurier bewegt hat. Knochen dagegen können durch Flüsse über weite Strecken transportiert und dann in einem völlig anderen Sediment eingebettet werden. Fußspuren liefern daher verlässlichere Angaben über den Lebensraum als Knochenfunde.

19 *Was haben Dinosaurier gefressen?*
Über die Nahrung der Dinosaurier und die Art, wie sie sich ihr Futter beschafft haben, geben Mageninhalte und fossiler Dinosaurierkot (Koprolithen) Aufschluss. Auch die Form der Zähne verrät einiges über das Fressverhalten. Außerdem lassen sich Bissspuren an Knochen auswerten.

Mageninhalt:
Bei *Brachylophosaurus* („Leonardo") konnte der Mageninhalt studiert werden. So stellte man fest, dass er Pflanzen und mit ihnen Pollen aufgenommen hatte. Der fossile Mageninhalt zeigte auch noch andere Besonderheiten wie parasitären Befall durch urzeitliche Würmer. Gastrolithen, sogenannte Magensteine, geben Aufschluss über die Art der Futterverwertung im Magen. Sie werden teilweise wie Gesteinsmühlen verwendet, nachdem sie verschluckt wurden. In Mägen von *Psittacosaurus* und *Brachiosaurus* konnten diese Magensteine nachgewiesen werden. Aber auch in anderen Reptilgruppen wie den Urkrokodilen *Steneosaurus* sowie in Plesiosauriern wurden Magensteine gefunden. Über die Nutzung der Magensteine besteht noch bei verschiedenen Gruppen Unklarheit. Plesiosaurier könnten die Steine nach neuesten Forschungen bei der Nahrungsaufnahme am Boden, wenn sie das Sediment nach Muscheln durchwühlten, zufällig aufgenommen haben. Krokodile wiederum nutzten die Magensteine wahrscheinlich eher als zusätzliches Gewicht, wie einen Bleigürtel gegen den Auftrieb im Wasser, und nicht für die Verdauung. Die heutigen Vögel besitzen auch in vielen Fällen solche Magensteine. Da sie zahnlos sind, dienen sie dem Zerkleinern der Körner.

Konträre Angaben zum Sinn der Magensteine werden jedoch von Wissenschaftlern aus Deutschland gemacht. Diese bezweifeln nach Versuchen mit heute lebenden Straußen, denen sie Steine verschiedenen Ursprungs fütterten, dass es sich bei allen bis heute beschriebenen Dinosaurier-Gastrolithen um wirkliche Magensteine handelt.

Magensteine (Gastrolithen) von Dinosauriern. Oklahoma, USA, Kreide, 130 Millionen Jahre, Gruppe 15 cm

Sie zeigten, dass von Straußen aufgenommene Steine nach deren Tod nicht glatt und glänzend waren, sondern vielmehr matt sind. Die Verweildauer in einem Straußen- magen ist natürlich sehr viel kürzer als jene in einem riesigen, 40 Jahre alten Sau- ropoden. Die deutschen Wissenschaftler meinen, dass die kleineren vogelähnlichen Theropoden diese Magensteine hatten, die größeren Sauropoden aber eher nicht. Weitere Untersuchungen werden möglicherweise Klarheit schaffen. Unbestritten sind die Funde der Magensteine in Bauchhöhlen von vielen Dinosaurier-Gruppen.

Zähne von Pflanzenfressern (Herbivoren):
Die frühen Dinosaurier wie *Plateosaurus* aus der Gruppe der Prosauropoden hatten typische speerblattähnliche Zähne zum Zerkleinern von Pflanzennahrung. Sauropo- den wie *Diplodocus* oder *Brachiosaurus* hatten stiftartige Zähne zum Abrupfen von Laub oder Nadeln. Scherenartige Kiefermechanismen bewegten bei *Triceratops* scharfe Kanten der Zähne im Unter- und Oberkiefer gegeneinander und zerkleiner- ten so das Pflanzenmaterial. Bei *Iguanodon* wurden in mahlenden Bewegungen die Kiefer gegeneinander bewegt, seine Zähne dadurch automatisch ergänzt. Viele En- tenschnabel-Dinosaurier hatten wie auch die Horndinosaurier große Zahnbatterien mit bis zu 2500 einzelnen Zähnen, die sie immer ersetzen konnten. Sie zerkleiner- ten die pflanzliche Kost derart, dass sie in den meisten Fällen auf Gastrolithen ver- zichten konnten.

Magensteine des Löffelschnauzenkrokodils *Steneosaurus bollensis*. Bad Boll, Deutschland, Jura, 180 Millionen Jahre, 3,6 m

Zähne von Fleischfressern (Carnivoren): Theropode Fleischfresser (*Tyrannosaurus*, *Allosaurus* und die Raptoren) besaßen nach hinten gebogene Zähne, die auf beiden Seiten steakmesserartig gezähnt und hervorragend zum Schneiden von Fleisch geeignet waren. Die Lücken zwischen den Zähnen hatten den Vorteil, dass jeder einzelne Zahn tief in die Beute eindringen konnte.

Bissspuren:
Horndinosaurier wie *Triceratops* standen also auf dem Speiseplan von *T. rex*, was sich auch an Bissspuren auf Kopfschilden von *Triceratops* nachweisen lässt. Die Zähne des Gebisses von *T. rex* passen exakt in die Bisswunden im Nackenschild des *Triceratops*. *T. rex* dürfte sowohl Aasfresser als auch aktiver Räuber gewesen sein. Auch an Schwanzwirbeln eines Entenschnabel-Dinosauriers (Hadrosaurier) hat man verheilte Bissspuren eines *T. rex* gefunden. Bissspuren von

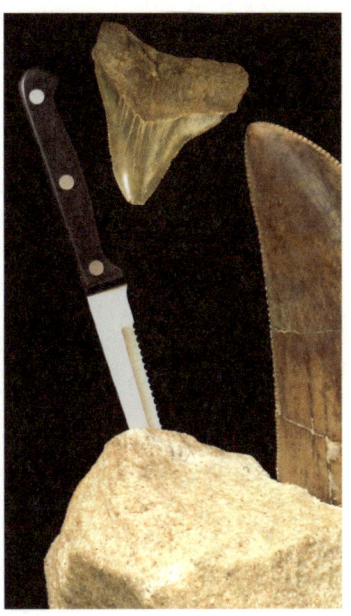

T. rex kann man auch an Schädelskeletten anderer *T. rex* Exemplare finden. Es handelt sich hierbei aber wahrscheinlich um die Spuren von Revierkämpfen und nicht um Zeichen von Fressattacken.

Ein weiterer Glücksfund wurde in Sedimentgesteinen aus der oberen Kreide der Santana Formation in Brasilien gemacht. Dort fand man einen Zahn eines Spinosauriers (Dornenechse) im Rückenwirbel eines Pterosauriers, also eines Flugsauriers. Der Spinosaurier hatte demnach neben Fischen auch Flugsaurier auf seinem Speiseplan. Ob er das Opfer lebend erbeutete oder erst als Aas verzehrte, ist nicht bekannt. Wahre wissenschaftliche Sensationen sind Funde wie der einer fossilen Kampfszene zwischen *Velociraptor* und einem *Protoceratops* aus der oberen Kreide der Mongolei. Beim Versuch des Velociraptors, seine Sichelkrallen in die Beute zu schlagen, wurden beide Dinosaurier von Sand verschüttet und konnten somit überliefert werden. Es dürfte auch Kannibalismus unter den Dinosauriern gegeben haben. So konnten Wissenschaftler in Schichten der oberen Kreide Madagaskars Dinosaurier-Knochen vom fleischfressenden *Majungatholus* finden, an denen sie Fraßspuren festgestellt haben. Das Erstaunliche daran ist, dass die Fraßspuren von anderen *Majungatholus*-Artgenossen stammen. Das ergab sich aus dem Zahnvergleich. *Majungatholus* hat zumindest am Aas seiner verendeten Artgenossen genascht.
Auch bei *Coelophysis* aus der Trias wurde lange Zeit Kannibalismus angenommen, da man Knochen im Magen fand, die scheinbar von der eigenen Art stammten. Neue Untersuchungen ergaben aber, dass es sich um Knochen einer anderen Dinosaurier-Art handeln dürfte. Weitere Untersuchungen stehen noch aus.

Oben: Gezähnelte (serrate) Zähne von Fleischfressern wie *Allosaurus* (rechts) oder dem Riesenhai *Carcharocles megalodon* im Vergleich mit einem Steakmesser. 10 cm, 11 cm und 22 cm

Koprolithen:

Das Problem bei Koprolithen ist, dass man sie isoliert findet, und daher selten den entsprechenden Dinosauriern zuordnen kann.

Nach dem Zersägen, Röntgen und Mikroskopieren werden Dünnschliffe von fossilem Kot angefertigt. Auf diese Weise konnte man schon in Kothaufen von pflanzenfressenden Dinosauriern Äste, Blätter, Samen und Pollen feststellen. Besonders die Phytolithe, Partikel aus organischer amorpher Kieselsäure, die in Pflanzen eingebaut werden, lassen sich in fossilem Kot aufspüren und geben Aufschluss über die Pflanzen, die gefressen wurden.

Als 44 cm große fossile Kothaufen von *Tyrannosaurus* aus der Kreide Montanas untersucht wurden, stellte sich heraus, dass *T. rex* Horndinosaurier wie *Triceratops* auf dem Speiseplan hatte. Die einzelnen Knochenteile waren dabei im Kot extrem zersplittert. *T-rex* überwältigte seine Beute durch seine Bisskraft von über 3 t und zerkaute anschließend die Knochen.

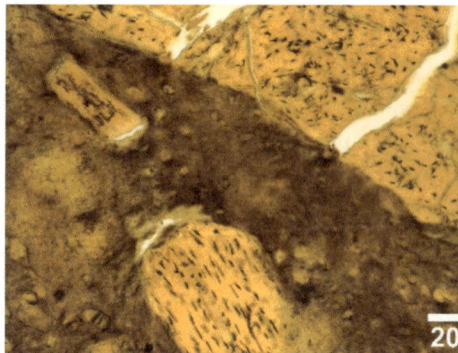

Rechts: Dünnschliff durch den Koprolithen eines *T. rex*. Die punktierten Bereiche stellen Knochen anderer Dinosaurier dar. USA, Kreide, 68 Millionen Jahre, Bildausschnitt 1 mm. Links: Versteinerter Kot (Koprolith) eines Raubsauriers. USA, Jura, 150 Millionen Jahre, 50 kg, 30 cm

20 ### *Wie viel haben Dinosaurier gefressen?*

Aus der Größe des Gebisses von *Tyrannosaurus* schließt man, dass er mit einem Biss Stücke von 250 kg aus der Beute reißen konnte. Die spitzen, scharfen Zähne bohrten sich dabei tief in das Opfer. Diese serraten (gezähnelten) Zähne waren bis zu 30 cm lang.

Nimmt man an, dass *Tyrannosaurus* wechselwarm war, so hätte *T. rex* nur alle 1–2 Monate fressen müssen. Geht man bei *T. rex* jedoch von Warmblütigkeit aus, so müsste er etwa zweimal pro Woche 350 kg Fleisch gefressen haben. Vergleiche dazu wurden mit Krokodilen angestellt.

Zum Vergleich: Ein heute lebender Elefant frisst pro Tag um die 200 kg Gras und Blätter; das entspricht in etwa 3–4 % seines Körpergewichts. Legt man diese Werte auf riesige Dinosaurier wie *Brachiosaurus* um, so müsste dieser annähernd 1 t Pflanzen pro Tag gefressen haben. Möglicherweise hatten die riesigen pflanzenfressenden Dinosaurier aber auch ein ausgeklügeltes Verdauungssystem, das ihnen die Aufnahme von weniger Futter erlaubte.

Die Menge des benötigten Futters hängt dabei immer eng mit dem Stoffwechsel (Metabolismus) zusammen. Dieser ändert sich je nachdem, ob ein Organismus wechselwarm oder eigenwarm ist. Da diese Frage aber bei den meisten Dinosauriern noch nicht geklärt ist, stehen detaillierte und glaubwürdige Fakten zu diesem Thema noch aus.

Caiman latirostris, Breitschnauzenkaiman, ein Vertreter der Crocodilia. Südamerika, rezent, 3 m

㉑ *Was weiß man über die Sinnesorgane der Dinosaurier?*

Die Raubsaurier mussten ihre Beute aufspüren, so wie die heutigen Beutegreifer. Das ist nur durch ausgezeichnete Sinnesorgane möglich. Die Form und Art der Gehirnwindungen und ihrer Faltung geben ein erstes Bild über die Intelligenz verschiedener Gruppen. Diese charakteristische Fältelung bildet sich am Inneren einer Knochenkapsel ab und kann so an Ausgüssen untersucht werden.

Der Gehirnausguss eines *Tyrannosaurus rex* zeigt große Seh-, Gehör- und Riechlappen. Dabei ist der Gehirnteil, der für das Riechen zuständig war, noch deutlich größer ausgebildet als Teile des Sehbereichs. *T. rex* dürfte sich sowohl von Aas ernährt als auch lebende Beute gejagt haben, wie es heute Hyänen tun. Für beide Arten der Nahrungsversorgung war ein guter Geruchssinn notwendig. Neueste Methoden der Computertomographie erlauben es, winzige Mikrostrukturen im Schädel von *T. rex* zu finden, welche für einen sehr guten Geruchs- und Gehörsinn sprechen. Auch die Gehörgänge lassen sich heute rekonstruieren. Die neuesten Tests mit Lasern haben ergeben, dass *T. rex* wahrscheinlich annähernd so gut wie ein Falke sehen konnte, d. h. deutlich besser jedenfalls als ein Mensch. Dieser ausgezeichnete Sehsinn wurde noch durch die Position der Augen am Kopf unterstützt. Durch die schmale Schnauze konnten die Augen direkt nach vorne gerichtet werden; das ist die typische Position für die Augen von Beutegreifern. Durch diese Augenstellung war es *T. rex* möglich, in gewissen Teilen dreidimensional zu sehen. Er konnte dadurch seine Beute besser fixieren und Entfernungen leichter abschätzen.

Mithilfe von Computertomographie untersuchte man auch die Nasenhöhlen von Ceratopsiern und entdeckte darin eine Vielzahl von feinen Kapillarsystemen. Daraus schließt man sowohl auf einen guten Geruchssinn als auch auf die Kühlung des Blutes in diesen Kapillaren durch die daran vorbeiströmende Luft. Bei manchen Ceratopsiern ist die Nasenhöhle derart groß, dass man einen menschlichen Arm hineinstecken könnte.

Einige Dinosaurier hatten ein sogenanntes zweites „Gehirn". Früher glaubte man, dass das im Becken sitzende zweite Gehirn wirklich als solches genutzt wurde. Diese Meinung vertritt man heute nicht mehr. Vielmehr handelt es sich bei diesem „Gehirn" im Becken von *Kentrosaurus*, einem Vertreter der Stegosauria, um eine Verdickung des Rückenmarkskanals. Ein Großteil dieses Bereiches wird von Fett-

Oben: 2 Gehirne (Ausgüsse) von *Kentrosaurus*. Links das „echte" Gehirn. Rechts das zweite, dreimal größere „Gehirn", der verdickte Rückenmarkskanal des Beckens. Tansania, Jura, 150 Millionen Jahre, Gehirne 10 und 30 cm

gewebe, Drüsengewebe und möglicherweise einem weiteren
Gleichgewichtsorgan einge-
nommen. Solch eine Ver-
dickung kann man je-
doch auch bei
modernen Kro-
kodilen finden,
und sogar bei eini-
gen Vogelgruppen.

22 ***Wie war die Körperhaltung der Dinosaurier?***

Meist kann man die Geh- oder Stehhaltung von der Laufhaltung unterscheiden. Die
meisten größeren Dinosaurier hielten ihre Schwänze in horizontaler Stellung und ließen sie nicht, wie in vielen Museen dargestellt, am Boden schleifen. Auch *Diplodocus* und *Iguanodon* werden heute anders rekonstruiert als noch vor zwanzig Jahren.
Grund dafür sind neue Untersuchungen an ihren Schwanzwirbeln. Wir wissen heute,
dass bei Dinosauriern wie *Iguanodon* oder *Deinonychus* die Schwanzwirbelsäule
durch knöcherne Sehnen versteift war. Diese Sehnen verbanden die Wirbel miteinander und hielten sie in waagrechter Haltung stabil.

Auch über die Haltung der „Langhälse" wie *Diplodocus* oder *Apatosaurus* gibt es
heute andere Ansichten als noch vor zwanzig Jahren. Schweizer Wissenschaftler
vermuten ein ausgeklügeltes System von Luftschläuchen, das es den Riesen erlaubte, ihren Hals in der Horizontalen zu halten, wie man es heute von den Straußen
kennt. Die Halswirbel waren hohl und mit Luftschläuchen gefüllt. Pumpt man die
Luftsäcke auf wie einen Schlauch, so werden sie hart und helfen auf diese Weise,
den Hals zu stabilisieren. Der Großteil der Wirbel wurde bei Formen wie *Diplodocus*
außerdem von dünnen Knochenbalken gestützt. So war es ein Leichtes, den Kopf
horizontal vor dem Körper zu halten. Den Hals im rechten Winkel hochstrecken, um
Blätter von riesigen Bäumen zu weiden, konnten sie aber nicht. Neueste Forschungen an Hals- und Rumpfwirbelsäule von Sauropoden ergaben, dass sich die einzelnen Wirbel gegenseitig blockierten, wenn der Hals zu steil nach oben gebogen
wurde. *Brachiosaurus* konnte seinen Hals steiler aufrichten als *Diplodocus* und *Apatosaurus*. Um an Leckerbissen in der Höhe zu gelangen, mussten sich aber alle drei
Arten auf die Hinterbeine stellen.

㉓ Wie haben sich Dinosaurier fortgepflanzt?

Alle Dinosaurier legten Eier. Die großen Sauropoden haben ihre Gelege nach der Ei-ablage wahrscheinlich verlassen, wie heute die Schildkröten. Sie waren zu groß und schwer, um Brutpflege zu betreiben.

Psittacosaurus pflegte wahrscheinlich seine Brut, wie *Psittacosaurus*-Funde aus der mittleren Kreide Chinas beweisen: Auf einer Fläche von 0,5 m² drängen sich 34 gleich große Jungtiere um ein einzelnes ausgewachsenes Exemplar! Möglicher-

Oben und unten: *Psittacosaurus mongoliensis* in Fundsituation im Sediment und Rekonstruktion. Mongolei, Kreide, 100 Millionen Jahre, 1m

weise wurde das Geschlecht der schlüpfenden Dinosaurier durch die Temperatur während der Brutzeit bestimmt – wie es heute bei Schildkröten und Krokodilen der Fall ist.

24 *Wie groß waren Dinosaurier-Eier?*
Die größten bisher entdeckten Dinosaurier-Eier stammen aus der Kreidezeit und wurden in China gefunden. Sie sind 45 cm lang und fassen den Inhalt von 80 Hühnereiern. Sie stammen wahrscheinlich vom *T.-rex*-Verwandten *Tarbosaurus*. Die Eier der Sauropoden hatten dagegen oft nur einen Durchmesser von 15 cm. Erstaunlich, dass die geschlüpften Winzlinge zu Giganten von 40 m heranwachsen konnten.

25 *Wie kann man männliche und weibliche Dinosaurier unterscheiden?*
Der 28 Jahre alte *T. rex Sue* wurde durch medulläres Knochengewebe an den Hinterbeinen als Weibchen identifiziert. Dieses verhärtete Gewebe ist stark mit Blutgefäßen durchsetzt, dient bei heute lebenden Laufvögeln als Kalziumquelle für die Herstellung der kalkigen Eischalen und ist daher nur bei weiblichen Tieren vorhanden.

26 *Welche Waffen hatten die Raubdinosaurier?*
Gigantische Waffen besaß der Coelurosaurier *Therizinosaurus*, der vor etwa 70 Millionen Jahren in der oberen Kreide der Mongolei lebte und 4 m hoch sowie 4 t schwer werden konnte. Seine Krallen wurden bis zu 60 cm lang! Damit hält er derzeit den Rekord, obwohl etwa Krallen mit einer Länge von 35 cm (z. B. *Megaraptor*) keine Seltenheit waren.
Effektive Waffen waren auch die Sichelkrallen an den Zehen der Hinterbeine (*Deinonychus* und *Velociraptor*), die wie Klappmesser nach vorne schnellten, wenn die Dinosaurier zum Sprung ansetzten. Nach neuesten Untersuchungen (bei denen man die Krallen durch die Haut von Schweine- und Rinderhälften getrieben hat) wurden sie jedoch nicht zum Aufschlitzen von Tieren eingesetzt, sondern als treffsichere Dolche in den Körper der Beute gestochen, sodass das Opfer kurze Zeit später verendete.

Rechts: Sichelkralle von *Allosaurus fragilis*. Utah, USA, Jura, 150 Millionen Jahre, 15 cm
Links: Kralle von *Velociraptor mongoliensis*. Mongolei, Kreide, 80 Millionen Jahre, 7 cm

Wirkungsvolle Waffen besaßen auch *Tyrannosaurus rex*, *Tarbosaurus* und *Giganotosaurus*: bis zu 60 dolchartige Zähne mit Sägekante, die sich immer wieder erneuerten. *T. rex* konnte eine Bisskraft von bis zu 3 t entwickeln, wie Bisstests mit Krokodilen ergeben haben (man lässt die Tiere auf Drucksensoren beißen, rechnet die Werte auf die Kopfgröße von *T. rex* um und erhält so glaubwürdige Näherungswerte). Dafür hatte besonders *T. rex* durch seine kurzen vorderen Stummelfüße andere entscheidende Nachteile beim Beutefang.
Der kleinere Schädel von *Allosaurus* verlangte eine andere Strategie: Er fügte seinem Opfer mit den Zähnen kleinere, aber tiefe Wunden zu und wartete danach, bis das Tier verblutet war.

27 **<u>Wie konnten sich die Pflanzenfresser verteidigen?</u>**
Manche Formen besaßen einen Nackenschild, der vor tödlichen Bissen schützte (*Triceratops*), andere trugen Platten am Rücken (*Stegosaurus*), wieder andere waren mit Stacheln oder Schwanzkeulen bewaffnet (*Stegosaurus*, *Euoplocephalus*) bzw. im Gesicht mit Hörnern ausgestattet (*Triceratops*). In einem *Allosaurus*-Skelett wurde der Schwanzstachel eines Stegosauriers gefunden, der wahrscheinlich tödlich für den Raubsaurier war. Offenbar hatte der *Stegosaurus* eine Attacke abgewehrt und dabei den *Allosaurus* tödlich getroffen. Den Pflanzenfresser kostete der mächtige Hieb vermutlich nur einen Schwanzstachel. Viele kleinere, aber durchaus wehrhafte Dinosaurier lebten in Herden und verteidigten sich gemeinsam gegen Fressfeinde. Die älteren Tiere einer *Triceratops*-Herde bildeten bei Attacken eines *T. rex* einen schützenden Ring um die Jungtiere und hielten den Angreifer mit den Hörnern ihrer Kopfschilder in Schach. Riesige Formen wie *Brachiosaurus* oder *Diplodocus* schlugen wahrscheinlich mit ihren wuchtigen langen Schwänzen um sich und teilten so tödliche Hiebe aus.

Oben: Sichelkralle von *Deinonychus antirrhopus* der „Schreckenkralle", USA, Kreide, 110 Millionen Jahre, 10 cm. Unten: Mächtiger Zahn eines *T. rex*. South Dakota, USA, Kreide, 70 Millionen Jahre, 30 cm

Wie alt sind Dinosaurier geworden?

Man schätzt, dass ein *Tyrannosaurus rex* ungefähr 30 Jahre alt werden konnte. Die *T.-rex*-Dame *Sue* ist mit 28 Jahren der älteste heute bekannte *Tyrannosaurus*. *T. rex* starb für einen Dinosaurier relativ jung. Größere Sauropoden wie *Brachiosaurus* wurden etwa 40 Jahre alt.

Das Alter von Dinosauriern lässt sich anhand von Knochen-Dünnschliffen feststellen. Diese zeigen wie Baumstämme verschieden gestaltete Anwachslinien – eine Art Jahresringe. Sie entstehen tatsächlich durch jahreszeitlich beeinflusste Wachstumsrhythmen und liefern auch Hinweise auf das Klima, in dem der Dinosaurier lebte.

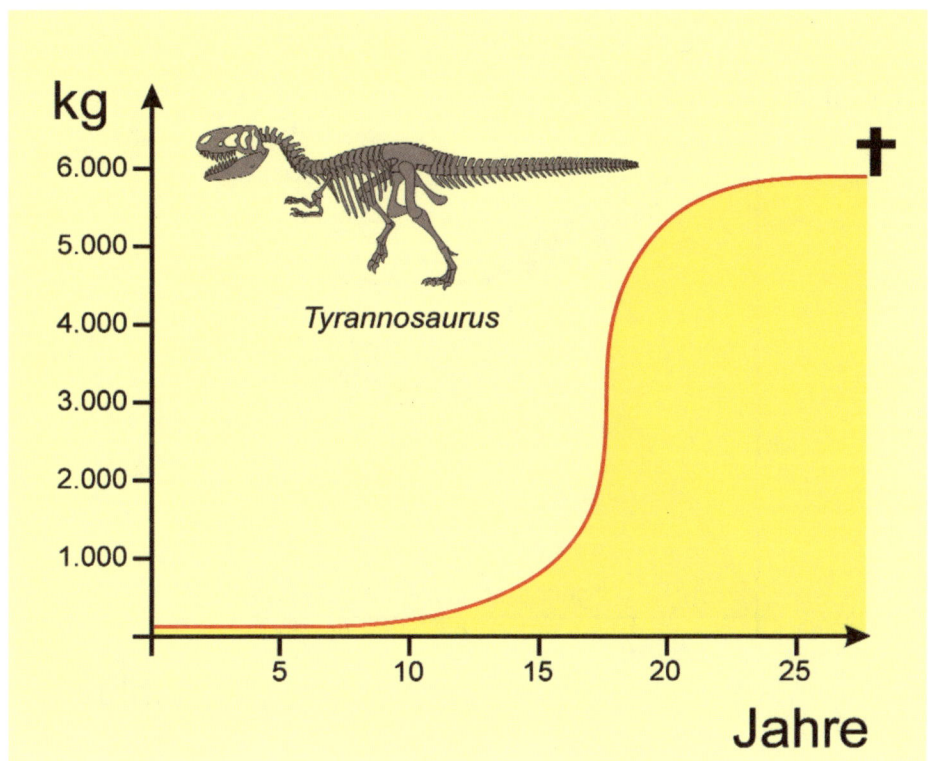

Lebensdauer und Wachstumsrate von *T. rex* aus der oberen Kreide

29 *Wie wuchsen Dinosaurier?*

Der 24 m lange pflanzenfressende Dinosaurier *Janenschia* wurde mit 11 bis 13 Jahren geschlechtsreif, war mit 26 bis 28 Jahren fast ausgewachsen und starb mit etwa 35 Jahren. Diese Phasen zeichnen sich klar am Knochengewebe ab, das man in Dünnschliffen untersuchen und mit heute lebenden Tieren vergleichen kann. Ein dreiphasiges Wachstum ähnlich dem von *Janenschia* wurde bei vielen Dinosauriern festgestellt. Wahrscheinlich wuchsen sie Zeit ihres Lebens, die Wachstumsrate war jedoch bei älteren Tieren geringer.

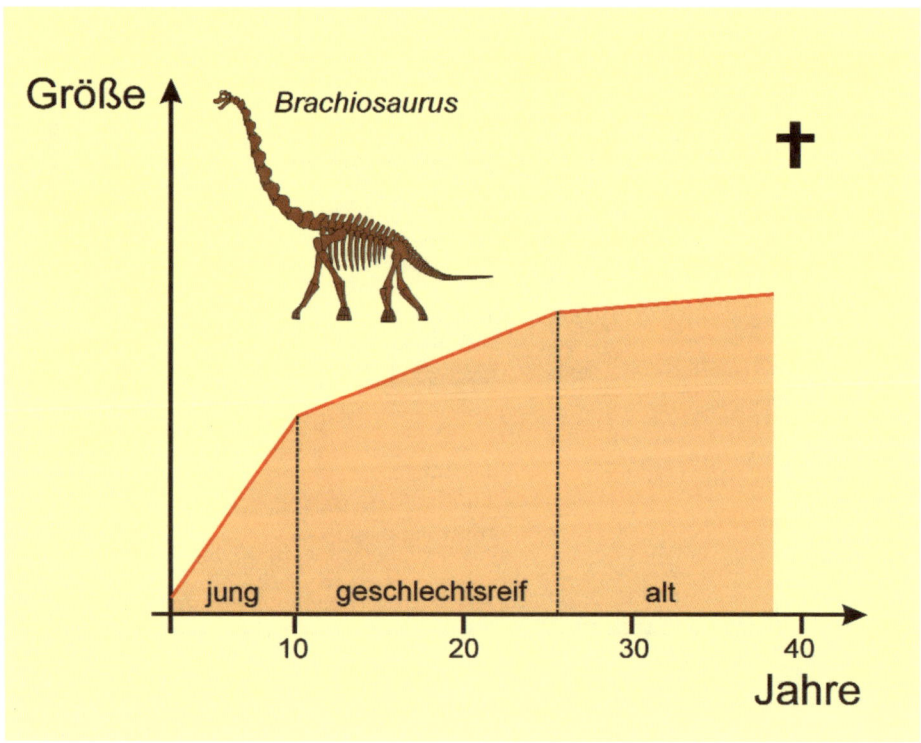

Mehrphasiges Wachstum bei *Brachiosaurus brancai* aus dem oberen Jura

30 *Welche Krankheiten hatten Dinosaurier?*

Knochenschädigende Krankheiten wie Arthritis, Gicht, Rheuma und Krebs kann man auch an Fossilien mit Röntgen oder mit Computertomographie erkennen. So konnten an Dinosaurier-Knochen Gelenksentzündungen (Arthritis), Fehlwuchs (Exostose) und Brüche (Frakturen) festgestellt werden, außerdem Missbildungen an Saurierzähnen. Allerdings ist die Diagnose nicht immer einfach. Manche Wucherungen, die als Krebstumore gedeutet wurden, stellten sich später als verheilte Knochenbrüche heraus.

Dass auch Dinosaurier schon Krebs hatten, wissen wir aber. Bei Hadrosauriern (Entenschnabelsauriern) fand man eindeutige Beweise für bösartige Tumore. Bei 29 von 97 Skeletten des Entenschnabelsauriers *Edmontosaurus* konnte man Knochenkrebsgeschwüre nachweisen. Warum gerade Hadrosaurier an Krebs erkrankten, können Wissenschaftler nicht genau erklären. Möglicherweise lag das am Futter: Hadrosaurier ernährten sich hauptsächlich von Nadelbäumen, deren Nadeln krebserregende Substanzen enthielten.

31 *Wie viel haben Dinosaurier pro Tag zugenommen?*

Basis für die Berechnungen der Gewichtszunahme sind das Alter und das geschätzte Gewicht eines Dinosauriers. Dabei muss aber berücksichtigt werden, dass vor allem die riesigen Dinosaurier in ihrer ersten Lebensphase vor der Geschlechtsreife viel schneller wuchsen und daher auch deutlich mehr Gewicht zulegten als im Alter. Große Sauropoden wie *Apatosaurus* wurden mit ca. 15 Jahren geschlechtsreif. *Apatosaurus* nahm pro Tag etwa 10–15 kg an Körpermasse zu, in der Hauptwachstumsphase 2–4 t pro Jahr. Das ist mit der Wachstumsrate heutiger Wale (20 kg pro Tag) vergleichbar.

Kleine Pflanzenfresser wie *Psittacosaurus*, die nur 2–4 Jahre bis zur Geschlechtsreife benötigten, wurden während der Hauptwachstumsphase maximal um 5 kg pro Tag schwerer. Für den König der Dinosaurier, *Tyrannosaurus rex*, wurde ein täglicher Gewichtszuwachs von 2,1 kg errechnet.

32 *Waren Dinosaurier warmblütig?*

Heute sind nur zwei Tiergruppen warmblütig (endotherm): die Vögel und die Säugetiere. Ihre Körpertemperatur wird von innen geregelt, ist immer ungefähr gleich und unabhängig von der Umgebungstemperatur. Warmblütige Tiere sind meist aktiv und lebhaft.

Wechselwarme (ektotherm) Tiere dagegen ändern ihre Körpertemperatur mit der Umgebungstemperatur. Bei Kälte werden alle Stoffwechselfunktionen herabgesetzt oder ganz eingestellt. Die Bewegungen werden langsam, Wachstum und Entwicklung sind gebremst, und die Verdauung wird eingestellt. So wird weniger Energie verbraucht, und daher auch weniger Nahrung benötigt.

Der Energieverbrauch, und damit der Nahrungsbedarf eines eigenwarmen Tieres ist 10- bis 12-mal so hoch wie der eines gleich großen wechselwarmen Tieres. Dafür kann es prinzipiell zu jeder Tages- und Nachtzeit, vor allem aber zu jeder Jahreszeit jagen. Das ist ein Grund, warum in kalten Klimaregionen vor allem eigenwarme Tiere leben.

Um zu entscheiden, ob Dinosaurier eigen- oder wechselwarm waren, kann man sich einzig auf die fossilen Knochen stützen. An den Knochen wechselwarmer Tiere lassen sich Anwachszonen erkennen: Breitere Streifen bedeuten höheres Wachstum, schmale Streifen geringes Wachstum.
Sind die Unterschiede zwischen den Streifen extrem groß, hat man es wahrscheinlich mit einem wechselwarmen Organismus zu tun, der in Regionen mit starken Klimaschwankungen lebte.
Säugetiere zeigen wegen ihrer gleichbleibenden Körpertemperatur keine deutlichen Anwachsstreifen, sondern eher gleichförmige Wachstumsstrukturen.

Welches Muster aber passt zu den Dinosauriern? Beide!
Bei großen Dinosauriern stellte man ein säugetierähnliches Wachstum fest. Die kleineren Formen wuchsen eher reptilienartig langsam. Es gibt jedoch viele Ausnahmen: Manche Dinosaurier-Arten wechselten ihre Wachstumsstrategie im Laufe ihres Lebens von reptilähnlich zu säugetierähnlich.
Alle Sauropoden hatten bis zur Geschlechtsreife, also die ersten 20 Jahre ihres Lebens, eine lange und intensive Wachstumsphase. Dann nahm die Wachstumsrate ab, und die Jahresringe in den Knochen wurden enger.

Daher gibt es Argumente für und gegen die Warmblütigkeit bei Dinosauriern:

Eher für Warmblütigkeit (Endothermie):
1. Der Aufbau der Knochen zeigt konstantes Wachstum.
2. Das schnelle Wachstum der Dinosaurier könnte wie das schnelle Wachstum endothermer Wirbeltiere ein Hinweis auf Endothermie sein. Heute lebende Reptilien wachsen im Gegensatz zu den Dinosauriern langsam.
3. Die Bildung von Federn zur Isolation wird als Hinweis auf Endothermie gewertet.
4. Viele Dinosaurier brüteten ihre Eier aus, wie es auch endotherme Vögel tun.
5. Ein großer Körper hat im Verhältnis zu seinem Volumen eine kleine Oberfläche. Er kann daher nur verhältnismäßig langsam Körperwärme abgeben bzw. Wärme von außen aufnehmen. Das gilt als Indiz dafür, dass die großen Sauropoden wahrscheinlich eine konstante Körpertemperatur hatten.

Eher für wechselwarme (ektotherme) Lebensweise:
1. Ein warmblütiger *Brachiosaurus* hätte 24 Stunden am Tag ununterbrochen fressen müssen, um seine Körpertemperatur konstant zu halten. Ein *T. rex* hätte als Warmblüter zweimal pro Woche 350 kg Fleisch fressen müssen.
2. Ein 30 t schwerer, warmblütiger Pflanzenfresser wie *Apatosaurus* hätte in Dürrezeiten Unmengen von Wasser pro Tag benötigt: etwa 500 l. Eine riskante Strategie bei Dürre und großer Hitze.
3. Vögel und Säugetiere besitzen sogenannte Turbinalia. Das sind kompliziert gebaute, mit Schleimhaut bedeckte Knochenschnecken in den Nasenhöhlen, die das Blut kühlen. Sie fehlen bei heute lebenden ektothermen Tieren, und auch bei den Dinosaurieren.

Die meisten Forscher gehen dennoch davon aus, dass Dinosaurier eigenwarm waren. Möglicherweise hatten sie Energiespartricks, die wir noch nicht kennen.

33 *Warum findet man Dinosaurier-Skelette oft mit nach hinten gebogenem Hals?*

Diese typische Fundstellung der Skelette kann bei vielen kleinen Dinosauriern, aber oft auch bei Vögeln beobachtet werden. Nach dem Tod des Tieres erschlaffen die Muskeln, die elastischen Sehnen und Bänder ziehen sich zusammen. Auf der Rückseite des Halses sind Sehnen und Bänder länger als auf der Vorderseite, daher verkürzen sie sich dort stärker, und der Kopf wird nach hinten überstreckt. Diese Stellung gilt als Beweis dafür, dass das Tier gleich nach dem Tod mit Sediment bedeckt wurde und das Skelett daher vollständig erhalten blieb. Es gibt jedoch auch Wissenschaftler, die darin einen Beweis sehen, dass sich das Tier im Todeskampf gekrümmt hat.

34 *Wie und warum konnten Dinosaurier so riesig werden?*

Auch die Dinosaurier haben klein angefangen. Ihre Ahnen aus der Trias, z. B. *Marasuchus*, waren nur 40 cm lang und nicht einmal 1 kg schwer.

Eigentlich dürften Riesen wie die großen Sauropoden gar nicht existiert haben. Aber es gab sie doch. Entscheidende Voraussetzungen waren das warme Klima und die üppige Vegetation während des Mesozoikums. Die verfügbare Pflanzenmenge im Erdmittelalter dürfte in weiten Gebieten der Erde um einiges größer gewesen sein als heute, was u. a. auf einen höheren CO_2-Anteil in der Atmosphäre und die daraus resultierenden höheren Temperaturen zurückzuführen ist. Es gab aber nicht nur mehr Vegetation als heute, auch die damaligen Pflanzenarten hatten es in sich. Untersuchungen an Schachtelhalmen und Farnen ergaben, dass diese mehr Energie lieferten als heutige Futterpflanzen. Bei solchen Versuchen wird mit Pflanzenmaterial in Wärmeschränken unter Beigabe von Mikroben die Verdauung nachgestellt. Aus der Menge der entstehenden Gase kann der Nährwert des Grünfutters abgeleitet werden.

Für Pflanzenfresser war es zweifellos von Vorteil, groß zu sein, weil sie dadurch vor Fleischfressern besser geschützt waren. Auch heute hat ein ausgewachsener Elefant kaum Feinde. „Survival of the Fattest" wird diese Entwicklung in Anlehnung an die alte Evolutionsformel „Survival of the Fittest" auch scherzhaft genannt. Nach diesem Prinzip setzten sich die großen Exemplare unter den Fleischfressern durch und wurden ihrerseits immer größer. Man nennt diese Art von Entwicklung „Evolutionäres Wettrüsten". Drei weitere Faktoren waren ferner entscheidend für den Riesenwuchs der Dinosaurier: die Verlängerung der Wachstumsphase und die Beschleunigung der Wachstumsrate, aber auch die Leichtbauweise der großen Sauropoden. Ihre Wirbel waren ausgehöhlt bzw. bestanden nur aus feinen Knochenlamellen. Dadurch hatten die Sauropoden 30 % weniger Körpergewicht als früher angenommen.

35 *Was waren die Vor- und Nachteile der gigantischen Riesen?*

Vorteile:
1. weniger Feinde
2. lange Lebensdauer
3. bessere Temperatur-Regulation
4. Fettreserven durch Speicherung
5. bessere Übersicht im Gelände
6. Nahrung aus größeren Höhen
7. mehr Platz für einen großen Verdauungstrakt (für Pflanzenfresser besonders wichtig)

Nachteile:
1. eingeschränkte Beweglichkeit
2. brauchten große Mengen an Futter und Wasser
3. relativ langsam
4. benötigten einen großen Lebensraum
5. konnten sich schlecht verstecken

36 *Wer war Brachiosaurus?*

Gewicht: 40 t
Länge: 30 m
Höhe: 13 m
Lungen-, plus Luftsackvolumen: 15 000 l
Volumen eines Atemzuges: 2600 l
Gewicht des Herzens: 220 kg
Blutmenge: 1900 l
Herzschläge pro Minute: 0,4
Energieverbrauch pro Tag: 800 000 Kilojoule
Futterverbrauch pro Tag: 350 kg

Diese Daten sind das Ergebnis von Vergleichen mit heute lebenden Tieren wie Elefant oder Krokodil und daher nur Näherungswerte.
Zum Vergleich: Ein 8 m langer *Plateosaurus* (Trias) dürfte ein Herzgewicht von 3,4 kg gehabt haben, das menschliche Herz wiegt etwa 0,3 kg. Das Gehirn eines *Brachiosaurus* war nicht größer als ein Apfel.
Aber nicht alle Sauropoden waren so riesig. Nein, es gab auch Zwergformen unter ihnen. Der 6 m lange *Europasaurus* aus dem oberen Jura Niedersachsens war eine solche Zwergform.

37 *Wie lösten riesige Dinosaurier das Problem mit der Blut- und Saurerstoffversorgung?*

Die Organe, die diese Frage beantworten – Herz, Blutgefäße, Lunge und Luftröhre – sind leider nicht fossil erhalten. Das Herz der großen Sauropoden muss riesig gewesen sein, wenn es den ganzen Körper versorgen sollte.

Forscher vermuten, dass die Hohlräume in den Knochen mit Luft gefüllt und über ein System von Luftsäcken und -schläuchen mit der Lunge verbunden waren. So konnten die Dinosaurier Luft zwischenlagern und hatten immer einen ausreichenden Sauerstoffvorrat verfügbar. Moderne Vögel haben ein ähnliches System entwickelt. Über die riesigen Lungenflächen konnten vor allem die großen Sauropoden beim Ausatmen heiße Luft abgeben und so ihre Körperwärme regulieren.

38 *Welche waren die größten Dinosaurier?*

Es ist sehr schwer zu entscheiden, welcher der größte Dinosaurier war, weil man gerade von den großen Dinosauriern keine vollständigen Skelette gefunden hat bzw. diese keiner bestimmten Art zuordnen kann. Das größte vollständige Skelett stammt von *Brachiosaurus* (oberer Jura) und ist in Berlin ausgestellt. *Brachiosaurus* war ca. 23 m lang und ca. 38 t schwer.

Derzeit halten Forscher *Argentinosaurus* (mittlere Kreide Argentiniens) für den größten Dinosaurier: 45 m Länge und ca. 80 t Gewicht wurden errechnet. Man hat von ihm aber nur Rückenwirbel, Rippen, Schienbeine und Kreuzbeinknochen gefunden. Der größte Europäer war wahrscheinlich der Sauropode *Turiasaurus* mit 30 m Länge und 48 t Gewicht. Er stammt aus dem oberen Jura Spaniens von der Provinz Teruel. Die größten Fleischfresser waren *Spinosaurus* (17 m Länge und 9 t Gewicht), *Mapusaurus* (12,5 m Länge und 7 t Gewicht), *Tyrannosaurus* (6 m Höhe und 8 t Gewicht) und *Giganotosaurus* (13 Meter Länge und 8 t Gewicht).

39 *Wann lebten die größten Dinosaurier?*

Betrachtet man die Gesamtheit aller Dinosaurier-Gruppen, waren die Dinosaurier im Jura am größten. In der Kreide haben sich viele kleinere Formen herausgebildet, sodass die großen Arten einen geringeren Prozentanteil ausmachten als im Jura. Die Rekordhalter unter den Dinosauriern lebten allerdings in der Kreidezeit. Sowohl der allergrößte Dinosaurier, der Pflanzenfresser *Argentinosaurus*, als auch die größten Fleischfresser wurden in Kreide-Ablagerungen gefunden.

40 *Woher weiß man, wie schwer die Dinosaurier geworden sind?*

Um das Gewicht eines fossilen Lebewesens zu ermitteln, schätzt man anhand des gefundenen Skeletts sein Körpervolumen und multipliziert dieses mit der durchschnittlichen Gewebedichte eines modernen Vergleichstieres. Früher hat man die Dichte von Krokodilgewebe verwendet (1 g/cm^2), heute sind Vögel der Vergleichsstandard (0,8–0,9 g/cm^2), da viele Dinosaurier ähnlich wie die Vögel hohle Knochen haben (vor allem die großen Sauropoden). Nach diesen Berechnungen ergibt sich für die Giganten der Urzeit ein viel geringeres Gewicht, als man noch vor Jahren angenommen hat.

41 *Welche waren die kleinsten Dinosaurier?*

Microraptor gui und *Microraptor zhaoianus* aus der Gruppe der Dromaeosaurier waren etwa 30 cm hoch, 40 cm lang und wogen nur etwa 400 g.

42 **_Welche Dinosaurier haben in der Trias, im Jura und der Kreide gelebt?_**
Hier werden nur die bekanntesten Formen genannt. Zusätzlich sind einige Flug- und
Fischsaurier angeführt.

Trias
Dinosaurier: *Eoraptor, Herrerasaurus, Coelophysis, Plateosaurus*
Flugsaurier: *Eudimorphodon*
Fischsaurier: *Omphalosaurus, Nothosaurus*

Jura
Dinosaurier: *Allosaurus, Diplodocus, Apatosaurus, Brachiosaurus, Kentrosaurus,*
Stegosaurus, Compsognathus, Juravenator
Flugsaurier: *Rhamphorhynchus, Dorygnathus, Dimorphodon*
Fischsaurier: *Ichthyosaurus, Plesiosaurus, Ophthalmosaurus, Stenopterygius,*
Liopleurodon

Kreide
Dinosaurier: *Tyrannosaurus, Albertosaurus, Tarbosaurus, Giganotosaurus,*
Spinosaurus, Ultrasaurus, Baryonyx, Argentinosaurus, Triceratops,
Protoceratops, Psittacosaurus, Iguanodon, Hadrosaurus, Homaloce-
phale, Ankylosaurus, Struthiosaurus, Dromaeosaurus, Microraptor,
Utahraptor, Velociraptor, Deinonychus, Sinosauropteryx, Caudipteryx
Flugsaurier: *Pteranodon, Ornithocheirus, Quetzalcoatlus*
Fischsaurier: *Mosasaurus, Dolichorhynchops, Platecarpus*

43 **_Was gibt es Neues von Allosaurus?_**
Allosaurus war der wohl gefährlichste Räuber im späten Jura. Mit einem Gewicht
von über 5 t und einer Kopfhöhe von mehr als 5 m zählte er damals zu den wahren

Skelett des Raubdinosauriers *Allosaurus fragilis*. Utah, USA, Jura, 150 Millionen Jahre, 10 m

Giganten. Sein großer Schädel bestand aus lose miteinander verbundenen Knochen und war von mehreren Schläfenfenstern durchbrochen, daher war der Kopf verhältnismäßig leicht. Über den Augen wölbten sich zum Schutz knöcherne Höcker. Wie viele große Carnosaurier hatte er riesige Krallen an den Zehen. Die Allosauroiden waren im Jura auf allen Kontinenten verbreitet.

Es gibt unzählige Spekulationen darüber, ob *Allosaurus* ein aktiver Jäger oder ein Aasfresser war. Neueste Untersuchungen von Fußabdrücken haben ergeben, dass er Geschwindigkeiten von etwa 40 km/h erreichen konnte. Diese Annahme wird durch Vergleiche mit heutigen Straußen erhärtet: Beide haben sehr lange Unterschenkelknochen, die hohe Laufgeschwindigkeiten ermöglichen.
Der leicht gebaute Schädel des *Allosaurus* und seine eher geringe Bisskraft waren in langen Kämpfen nicht von Vorteil. Wahrscheinlich schnappte er rasch zu, riss kleine Stücke aus seiner Beute und wartete dann auf den Tod des Opfers.

44   *Wer war T. rex?*
Name: *Tyrannosaurus rex*, „königliche Tyrannenechse"
Nächster Verwandter: *Tarbosaurus* aus der Mongolei
Großgruppe: Saurischia (Echsenbecken-Dinosaurier),
Theropoda (laufen auf 2 Beinen)
Alter: 85–65 Millionen Jahre
Verbreitung: Nordamerika
Lebensdauer: maximal 28 Jahre
Beute: vor allem pflanzenfres-
sende Dinosaurier
Besondere Eigenheit:
eines der größten
Landraubtiere, das je
die Erde bevölkerte

Rekonstruktion eines *T.-rex*-Schädels in Seitenansicht. USA, 2 m hoch und 3 m lang

Tyrannosaurus rex, die „königliche Tyrannenechse", ist einer der gewaltigsten Fleischfresser, die jemals das Festland bewohnten. Der Ruf einer Furcht erregenden Tötungsmaschine eilt ihm voraus. Mit einem Biss konnte er 250 kg Fleisch aus seiner Beute reißen. Seine sechzig Zähne, gezackt wie Steakmesser, bohrten sich durch Fleisch und Knochen.
Ob *T. rex* jedoch tatsächlich ein gigantischer Räuber war oder vielleicht nur ein harmloser Aasfresser, ist bis heute umstritten. Für beides gibt es Argumente:
T. rex hatte einen „guten Riecher". Ein ausgeprägter Geruchsinn ist für Jäger wichtig, um potentielle Beute zu wittern. Doch auch Aasfresser brauchen eine gute Nase, um verrottendes Fleisch ausfindig zu machen.
Um seine 7 t Gewicht zu bewegen, benötigte er eine ungeheure Muskelmasse. Mit einer Maximalgeschwindigkeit von 40 km/h hätte er einen Elefanten nicht einholen können. Also doch ein Aasfresser? Nicht unbedingt – als Beute kommen auch große Dinosaurier in Betracht, die noch langsamer waren.
T. rex lebte wahrscheinlich im Rudel. Sowohl Aasfresser als auch Räuber leben und jagen in Rudeln. Dieses Rätsel bleibt vorerst ungelöst.

45 *Welche Dinosaurier gab es in Österreich?*

In Österreich gab es nur wenige Dinosaurier, weil sich dort im Erdmittelalter der Tethys-Ozean ausbreitete. Nur wenige Insel-Archipele erhoben sich über den Meeresspiegel. Dort konnten kleine Ankylosaurier wie *Struthiosaurus austriacus* aus der oberen Kreide Niederösterreichs (Muthmannsdorf) überleben. An derselben Fundstelle hat man auch Zähne von iguanodonähnlichen Dinosauriern zutage gefördert. Außerdem sind Knochen des Flugsauriers *Ornithocheirus bunzeli* erhalten. Deutlich mehr Fossilien gibt es von Meeresechsen und Fischsauriern, vor allem im Toten Gebirge, in Salzburg und Tirol.

46 *Wann und warum sind die Dinosaurier ausgestorben?*

Die Dinosaurier sind vor 65 Millionen Jahren von der Erde verschwunden. Zu unserem Glück für immer. Die Ursachen sind vielfältig und sehr komplex. Fest steht, dass die Dinosaurier ihre Blütezeit schon Jahrmillionen vor der Wende zur Erdneuzeit (Känozoikum) hinter sich hatten. Nach und nach erloschen viele Arten, und die Dinos waren nicht mehr so dominant wie am Höhepunkt ihrer Verbreitung. Es gab wahrscheinlich eine Vielzahl von Gründen, die die Dinosaurier schwächten und unter enormen Stress setzten. Die Meteoriten-Impakte waren gleichsam nur mehr der letzte Todesstoß für eine ohnehin „angeschlagene" Gruppe.

Rekonstruktion eines *T.-rex*-Schädels in Vorderansicht. USA, 2 m hoch und 3 m lang

47 **_Welche Dinosaurier gab es bis zur Kreide/Tertiär-Grenze?_**

Um diese Frage zu klären, sind Fundstellen in Montana (USA) am besten geeignet. Dort zeigt sich, dass die Mehrzahl der Dinosaurier-Gruppen schon lange vor der Kreide/Tertiär-Grenze verschwand. Von 32 Arten, deren Existenz vor 70 Millionen Jahren in diesem Gebiet belegt ist, lebten kurz vor der Wende zum Känozoikum nur noch 19. Darunter waren allerdings Berühmtheiten wie der Raubdinosaurier _Tyrannosaurus_, der Horndinosaurier _Triceratops_ und der Entenschnabel-Dinosaurier _Edmontosaurus_. Auch der riesige Flugsaurier _Quetzalcoatlus_ schaffte es bis zur Kreide/Tertiär-Grenze. Ob das auf der ganzen Welt so war, ist nicht geklärt.

48 **_Gibt es heute lebende Nachfahren der Dinosaurier?_**

Ja! Sie sind unter uns. Achtung beim Betreten eines fremden Wohnzimmers! Dort sitzt er vielleicht: _Melopsittacus undulatus_. **Hansi Burli is watching you!**
Oder hat sich gar ein _Passer domesticus_ bei der Futtersuche auf Ihrem Balkon niedergelassen? Dann Vorsicht! Er kann sehr zudringlich werden!
Kurz: Die Dino-Abkömmlinge sind überall!
Sowohl der Wellensittich (_Melopsittacus undulatus_) als auch der Spatz (_Passer domesticus_) sind Nachfahren einer Gruppe kleiner befiederter Dinosaurier aus der oberen Kreide. Sie überlebten die Katastrophe an der Wende zur Erdneuzeit und besetzen heute viele Nischen, die die Saurier im Erdmittelalter für sich beanspruchten.

Vom Wellensittich (_Melopsittacus undulatus_) im Käfig (links), über den Spatz (_Passer domesticus_) in der Hand (Mitte) bis zum südamerikanischen Nandu (_Rhea americana_) im Tierpark (rechts) – die Nachfahren der Dinos sind unter uns.

49 *Hat man Dinosaurier-DNA gefunden?*

Auch unter besten Erhaltungsbedingungen – in Eis oder Bernstein – ist es nicht möglich, Dinosaurier-DNA zu gewinnen. Die ältesten heute bekannten DNA-Fragmente stammen aus Bakterien im sibirischen Permafrost-Boden und sind „nur" 600 000 Jahre alt. Und auch daraus konnte man nur wenige hundert Basenpaare extrahieren. Spezialisten sind überzeugt, dass DNA-Stücke maximal 1–2 Millionen Jahre überdauern können. Nach 2 Millionen Jahren sind sie durch physikalische, geochemische und radioaktive Prozesse restlos zerstört.

50 *Wann kann man Dinosaurier klonen bzw. nachzüchten?*

Mit dem heutigen Wissen und den heutigen Möglichkeiten gar nicht. Zu unserem großen Glück, wie wir betonen möchten. Denn wer weiß, ob wir gegen diese gewaltigen Lebewesen bestehen könnten?!

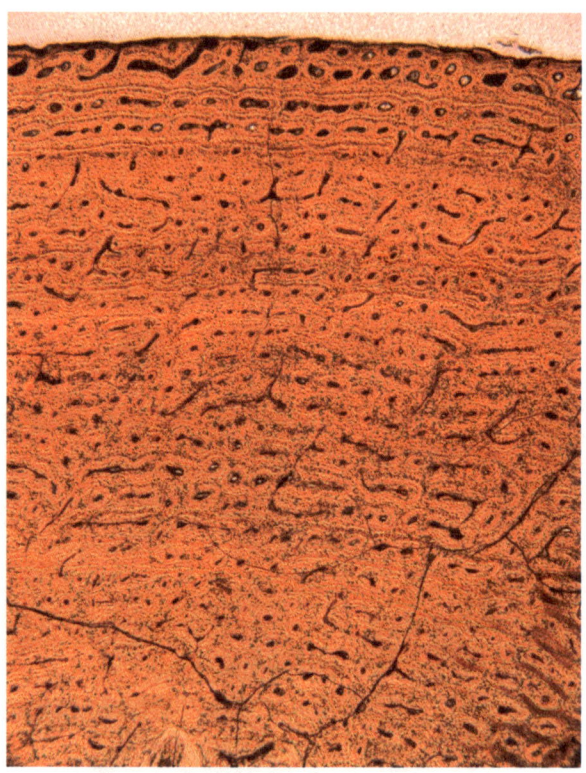

Knochenmaterial eines Dinosauriers als mögliche Quelle für die DNA? Dünnschliff durch einen Knochen des Sauropoden *Europasaurus holgeri*. Deutlich zu sehen sind die jahreszeitlich bedingten Anwachsstreifen der Knochen. Goslar, Deutschland, Jura, 150 Millionen Jahre, Bildausschnitt 5 mm

Weiterführende Literatur

Die nachstehende Literatur kann nur einen Anhaltspunkt für die Fülle englischer und deutschsprachiger Dinosaurier- und Saurierliteratur liefern. Wissenschaftliche, populärwissenschaftliche und populäre Literatur werden gemeinsam zitiert. Bewusst haben wir eine Trennung vermieden, weil uns das Miteinander wichtig ist und nicht eine Gruppe die andere ausschließen oder belächeln sollte. Jeder Leser soll sich sein eigenes Bild schaffen und die für ihn geeigneten Werke auswählen – sei es, um das Wissen über einzelne Dinosaurier-Gruppen zu vertiefen, oder nur, um sich über das Internet – bei dem natürlich Vorsicht geboten ist – über neue Erkenntnisse weiter zu informieren.

AYER, J. (1999): Die Howe Ranch Dinosaurier. Sauriermuseum Aathal, Fair Druck Gruppe, Dietikon

BAKKER, R.T. (1986). The Dinosaur Heresies. Kensington Publishing, New York

BARRETT P., SANZ J. L. (2000): Dinosaurier, Giganten der Urzeit. Arenaverlag GmbH, Würzburg

BENTON, M.J. (2007): Paläontologie der Wirbeltiere. Dr. Richard Pfeil Verlag, München

BROSCHINSKI, A. (1997): Dinosaurier – Riesenreptilien der Urzeit. C.H. Beck Verlag, München

BRUSH A. H., PRUM R. O. (Oktober 2003): „Zuerst kam die Feder". In: Spektrum der Wissenschaft, Spektrum Akademischer Verlag GmbH., Heidelberg, Berlin

CARPENTER, K. (1999): Eggs, nests, and baby Dinosaurs – a look at dinosaur reproduction. Indiana University Press, Bloomington

CHRISTENER J. (1994): Abiturwissen Evolution, 6. Auflage, Ernst Klett Verlag für Wissen und Bildung GmbH, Stuttgart, Dresden

CREAGH C. (2002): Dinosaurier – Alles was ich wissen will. Ravensburger Buchverlag

COX, B., DIXON, D., GARDINER, B. und SAVAGE, R.J.G. (1989): Dinosaurier und andere Tiere der Vorzeit. Gondrom Verlag, Bindlach

CURRIE, P.J., KOPPELHUS, SHUGAR, M.A. und WRIGHT, J.L. (2004): Feathered Dragons. Indiana University Press, Bloomington und Indianapolis

CURRIE, P.J. und PADIAN, K. (1997): Encyclopedia of Dinosaurs. Academic Press, San Diego, California

CZERKAS, S.J. (2002): Feathered Dinosaurs – And the origin of flight. The Dinosaur Museum Journal Vol. 1, Blanding, Utah

CZERKAS, S.J. und Czerkas, St.A. (2002): Dinosaurs – A global view. Dragon's World, Limpsfield

DIXON D. (2002): Dinosaurier, große und kleine Echsen der Urzeit. Dorling Kindersley Verlag GmbH. München

DIXON D., MALAM J. (2004): Dinosaurier. Dorling Kindersley Verlag GmbH, London, New York, Melbourne, München und Delhi

FARLOW, J.O. und BRETT-SURMAN M.K. (1997): The complete Dinosaur. Indiana University Press, Bloomington und Indianapolis

FASTOVSKY, D.E. und WEISHAMPEL, D.B. (1996): The evolution and extinction of the dinosaurs. Cambridge University Press, Cambridge

GEO kompakt (2006): Die Urzeit: Dinosaurier, Panzertiere, Terrorvögel. Nr. 8, Gruner+Jahr AG & Co KG, Hamburg

GILLETTE, D.D. und LOCKLEY, M.G. (1989): Dinosaur Tracks and Traces. Cambridge University Press, Cambridge

HAINES, T. (1999): Walking with Dinosaurs – A natural history. BBC Worldwide, London

HORNER, J.R. und GORMAN, J. (1988): Digging Dinosaurs. Workman Publishing, New York

JOHNSON J. (1996): Prehistoric Life. Marshall Editions Developments Ltd.

KLEPSCH, P. (2006): Dinosaurier – Neues Wissen über alte Tiere. Sonderheft Fossilien, Quelle und Meyer Verlag, Wiebelsheim

LAMBERT D. (2002): Dinosaurier. Dorling Kindersley Verlag GmbH, München

LARSON, P. und DONNAN, K. (2002): Rex Appeal – The Amazing Story of Sue, the Dinosaur That Changed Science, the Law, and My Life. Invisible Cities Press, Montpelier

LEXIKON DER DINOSAURIER und anderer Tiere der Urzeit. Dorling Kindersley Verlag GmbH, München, 2002

LUKENEDER A. und HARZHAUSER M. (2006): Dinos & Andere Saurier – im Naturhistorischen Museum in Wien. Naturhistorisches Museum Wien Verlag, Wien

MAGICA, unsere wunderbare Welt: Dinosaurier und ausgestorbene Tiere. Fleurus Verlag GmbH, Köln 1997

NORMAN, D. (1985). The Illustrated Encyclopedia of Dinosaurs – An original and compelling insight into life in the dinosaur kingdom. Crescent Books, New York

NORMAN, D. (1991): Dinosaur! Prentince Hall, New York

NORREL, M. (1991): All you need to know about dinosaurs. Sterling Publishing, New York

PREISS B. und SIVERBERG, R. (1992): The ultimate Dinosaur: Past-Present-Future. Bantam Books, New York

SCHOCH, R. (2007): Saurier – Expedition in die Urzeit, Jan Thorbecke Verlag der Schwabenverlag AG, Ostfildern

SPEKTRUM DER WISSENSCHAFT (1997): Saurier und Urvögel, Spektrum Akademischer Verlag GmbH, Heidelberg, Berlin

STANLEY S. M (2001): Historische Geologie. Spektrum Akademischer Verlag GmbH, Heidelberg, Berlin

WELLNHOFER, P. (1993): Die Große Enzyklopädie der Flugsaurier – Illustrierte Naturgeschichte der fliegenden Saurier. Mosaik Verlag, München

WELLNHOFER P. (1983): „Solnhofener Plattenkalk: Urvögel und Flugsaurier" Herausgegeben von Dr. Theo Kress, Freunde des Museum beim Solnhofer Aktien-Verein e.V., Maxberg, 1983

WELLNHOFER P.: „Archäopteryx – Der Urvogel aus Bayern". In: „Urvogel Archäopteryx", Herausgeber: Freunde der Bayerischen Staatssammlung für Paläontologie und historische Geologie, anlässlich der 32. Mineralientage München, 27.bis 29. Oktober 1995

ZILLMER H.-J. (2002): Dinosaurier Handbuch. Langen Müller Verlag, München

http://www.nmb.bs.ch/arbeitsblaetter_dinosaurier.pdf

http://www.palaeontologische-gesellschaft.de/palges/forschung/artikel.html#oliver

http://www.exotenwelt.de/was/taxanomie.htm#

http://www.dinospuren.de/

Danksagung

Besonderer Dank geht an den Kollegen Dr. Rainer Schoch (Staatliches Museum für Naturkunde Stuttgart) für die Überlassung mancher seiner Graphiken zum Thema Dinosaurier und der Saurier-Stammbäume. Dem Ehepaar Stephen und Sylvia Czerkas (Utah Dinosaur Museum), Herrn Dr. Martin Sander (Universität Bonn), Dr. Karen Chin (University of Colorado), Dona Jalufka (Wien) und Dr. Christian A. Meyer (Naturhistorisches Museum Basel) danken wir für die Überlassung von Bildmaterial. Wir danken der Volksbank Wien AG in Person von Dir. Wolfgang Layr für die Überlassung des Coverbildes. Alice Schumacher (Naturhistorisches Museum Wien) danken wir für die Erstellung des Großteils der Fotografien in diesem Buch. Dr. Christian Köberl (Universität Wien) danken wir für die fachliche Beratung bei Fragen zum K/T-Impakt. Den Präparatoren Anton Englert und Franz Topka (beide Naturhistorisches Museum Wien) danken wir für die Erstellung von Abgüssen und für die Präparationen von vielen Fossilien. Für die redaktionelle Bearbeitung danken wir besonders Mag. Brigitta Schmid, Dr. Herbert Summesberger (beide Naturhistorisches Museum Wien) und Frau Dr. Annette Hansen (Seifert Verlag Wien). Für die Erstellung vieler Grafiken danken wir Kriemhild Repp und Dr. Mathias Harzhauser (beide Naturhistorisches Museum Wien). Pavel Major (Prag) sei für die Erstellung von Lebensbildern und Dr. Gudrun Daxner-Höck (Salzburg) sowie Oldrich Fejfar (Prag) für die fachliche Beratung gedankt. Dr. Franz Tiedemann (Naturhistorisches Museum Wien) danken wir für die Hilfe bei der Erstellung von Fotografien rezenter Reptilien. Herrn Joseph Koo´ sei für seine intensive graphische Arbeit am Buch gedankt. Wir danken Gen.-Dir. Univ.-Prof. Dr. Bernd Lötsch und Vize-Gen.-Dir. HR. Dr. Herbert Kritscher (beide Generaldirektion des Naturhistorischen Museum Wien) für die Unterstützung, die zum Entstehen dieses Buches führte. Unserer Verlagsleiterin Dr. Maria Seifert (Seifert Verlag Wien) danken wir für das Vertrauen, das sie in uns gesetzt hat, und für ihre Geduld.

Bildnachweis

Alle Abbildungen, sofern nicht anders angegeben: © Naturhistorisches Museum Wien (NHMW).

Der Großteil der abgebildeten Dinosaurier kann im Naturhistorischen Museum Wien besichtigt werden.

Abb. auf den Seiten 9, 12, 13, 16, 17, 19, 28, 38 (oben), 44, 49, 62, 64, 71 (links), 72, 75: © Dr. Alexander Lukeneder, NHMW

Abb. auf den Seiten 11, 27, 41, 43, 50, 53 (unten), 83, 84: © Dr. Rainer Schoch, NHM Stuttgart

Abb. auf den Seiten 26, 30, 37 (oben), 46, 67 (unten), 80 (oben): © Pavel Major, Prag

Abb. auf den Seiten 6 (unten), 14 (oben), 29 (oben): © Joseph Koo´, Wien

Abb. auf den Seiten 91, 92 und Coverabbildung: © Foto Weinwurm, Wien

Abb. auf den Seiten 32, 33: © BBC Worldwide Limited 1999, Walking with Dinosaurs

Abb. auf den Seiten 25, 67 (unten): © Dr. Mathias Harzhauser und Kriemhild Repp, NHMW

Abb. auf Seite 45 (unten): © Stephen Czerkas, Utah Dinosaur Museum, 2002

Abb. auf Seite 54: © Mag. Helga Gridling, mit freundlicher Genehmigung des Bürgermeister-Müller-Museums, Solnhofen

Abb. auf Seite 59: © Dona Jalufka, Wien

Abb. auf Seite 71 (rechts): © Dr. Christian A. Meyer, Naturhistorisches Museum Basel

Abb. auf Seite 76 (rechts): © Dr. Karen Chin, University of Colorado

Abb. auf Seite 94: © Dr. Martin Sander, Universität Bonn